北京市农林科学院
新成果汇编·2023年版

● 秦向阳　时朝　魏蕾　主编

U0272326

中国农业科学技术出版社

图书在版编目（CIP）数据

北京市农林科学院新成果汇编：2023 年版 / 秦向阳，
时朝，魏蕾主编 . -- 北京：中国农业科学技术出版社，
2023.11

ISBN 978-7-5116-6517-1

Ⅰ. ①北… Ⅱ. ①秦… ②时… ③魏… Ⅲ. ①农业技
术－科技成果－汇编－北京 Ⅳ. ① S-2

中国国家版本馆 CIP 数据核字（2023）第 206189 号

责任编辑 姚 欢
责任校对 王 彦
责任印制 姜义伟 王思文

出 版 者 中国农业科学技术出版社
　　　　　 北京市中关村南大街 12 号 　　 邮编：100081
电 　　 话 （010）82106631（编辑室） （010）82109702（发行部）
　　　　　 （010）82109709（读者服务部）
传 　　 真 （010）82106631
网 　　 址 https://castp.caas.cn
经 销 者 各地新华书店
印 刷 者 北京科信印刷有限公司
开 　　 本 140 mm×203 mm 　 1/32
印 　　 张 5.875
字 　　 数 150 千字
版 　　 次 2023 年 11 月第 1 版 　 2023 年 11 月第 1 次印刷
定 　　 价 80.00 元

◆◆◆◀ 版权所有·侵权必究 ▶◆◆◆

《北京市农林科学院新成果汇编》
（2023 年版）

编委会

主　任　　王春城　秦向阳

主　编　　秦向阳　时　朝　魏　蕾

编　委　（按笔画顺序排列）

王　敏　　王　植　　王　燕　　王昌青　　吕春玲

朱焕焕　　刘珊珊　　刘艳鹏　　闫　华　　李冬霞

李成林　　李作麟　　时　朝　　邹国元　　宋婧祎

张　涛　　陈兆波　　孟　鹤　　赵　黎　　赵秋菊

高　亮　　黄　杰　　梁国栋　　韩立英　　蔡万涛

魏　蕾

北京市农林科学院成立于 1958 年，是北京市政府直属事业单位。经过 60 余年的建设，全院设有 15 个专业研究所、中心，在职职工 1245 人，拥有中国工程院院士、国家杰出青年、现代农业产业技术体系首席科学家、北京学者等一大批高端人才。主要承担农林牧渔领域科学研究、成果转化、示范推广及相关技术服务、技术培训职责，现已发展成为学科齐全、设备先进、学术水平高、创新能力强，为北京农业乃至全国农业发展提供有力引领和支撑的综合性科研机构。"植物学与动物学""农业科学""环境与生态学"三门学科进入 ESI（基本科学指标数据库）世界排名前 1%。在 *Nature Index*《自然指数》2020 年的机构 / 大学的学术排名中，位列省级农业科学院首位。

近年来，全院坚持以科技促进经济发展方式转变为主线，发扬"求实创新、团结奋进、争创一流、和谐发展"的农科精神，围绕北京都市型现代农业和乡村振兴发展需求，持续深化科研与产业融合，加快成果应用和转化落地。"十三五"以来，全院科技成果斐然，推广转化工作再上新的台阶。玉米品种'京科 968''农科糯 336''MC121'，西瓜品种'京美 2K'入选 2023 年我国农业主导品种；"杂交鲟'京龙 1 号'养殖及配套技术""蔬菜全程机械化管理技术""日光温室生产数字化管控技术"入选 2023 年我国农业主推技术。其中，'京科 968'已连续多年被评选为我国农业主导品种，累计种植面积超过 1.5 亿亩，获得中国种子协会颁发的"荣誉殿堂"玉米品种称号，同时也入选了 2023 年农业农村部优良品种推广目录玉米骨干品种。为了进一步加快成果转化应用，全面展示全院先进农业科技成果，扩大成果在京津冀以及全国的辐射范围，特对"十三五"以来全院研究开发的优新科研成果进行了征集、遴选，共筛选出各类科研成果 147 项，其中新品种 91 个、新技术 25 项、新产品 31 项，并编撰了《北京市农林科学院新成果汇编（2023 年版）》。本书详细列举了每个成果的名称、选育（研发）单位、成果特性、应用效果、适宜地区、合作方式、联系单位和联系方式，并对每个成果配备了图片加以说明，以期增强可读性和观赏性，希望对广大农业管理工作者和生产者有所帮助。

　　本书在编写过程中，得到了院属各单位的大力支持，在此表示由衷的感谢！由于作者水平有限，不当之处恳请读者批评指正。

编　者

2023 年 9 月

目 录
CONTENTS

新 品 种

新 技 术

新产品

New varieties

新品种

一、粮食作物

1 谷子'京谷2'

选育单位： 北京市农林科学院生物技术研究所

品种特性： 在夏谷生态区，平均生育期90 d；在春谷生态区，平均生育期118~124 d。绿苗绿鞘，成株茎高116.4 cm；穗纺锤形，穗长22.4 cm，穗粗2.3 cm，单穗重18.9 g，穗粒重15.5 g，千粒重2.87 g；出谷率84.0%，出米率79.5%，黄谷黄米。2019—2020年参加京津冀谷子新品种区域适应性联合鉴定试验，2年平均亩*产351.5 kg，较对照'豫谷18'增产9.6%。2020—2021年参加全国谷子新品种联合鉴定西北中晚熟春谷区联试，2年平均亩产351.5 kg。2021—2022年参加西北早熟组联试，2年平均亩产385.0 kg。2021—2022年参加东北春谷区联试，2年平均亩产346.9 kg。2022年参加华北夏谷区联试，

---

* 　1亩≈667m^2，15亩=1 hm^2

平均亩产 364.7 kg，较对照'豫谷 18'增产 3.2%。2022 年在洛阳伊川参展，平均亩产 388.88 kg。抗旱、抗倒伏，抗谷锈病、谷瘟病、纹枯病、白发病、红叶病和线虫病。

适种地区：广适型品种。适宜华北夏谷生态类型区夏播或晚春播种植，以及西北、东北 ≥10℃活动积温 2750 ℃以上、无霜期 150 d 的地区春播种植。

合作方式：技术转让、技术许可。

联系单位：北京市农林科学院生物技术研究所
联 系 人：姚 磊　　联系电话：13641376238
通信地址：北京市海淀区曙光花园中路 9 号　100097
电子邮箱：yaolei@baafs.net.cn

2　谷子'京谷 3'

选育单位：北京市农林科学院生物技术研究所
品种特性：在夏谷生态区，平均生育期 97 d，株高 136.74 cm。穗纺锤形，穗子松紧适中，穗长 21.70 cm，穗粗 2.51 cm，单穗重 20.47 g，穗粒重 16.92 g，千粒重 2.81 g；出

谷率 82.65%，出米率 74.35%；黄谷黄米，米质佳，适口性好。2019—2020 年参加京津冀谷子新品种区域适应性联合鉴定试验，2 年平均亩产 360.4 kg，较对照'豫谷 18'增产 12.4%。2022 年在洛阳伊川参展，平均亩产 386.50 kg。抗旱、抗倒伏，抗谷锈病、谷瘟病、纹枯病、白发病、红叶病和线虫病。

适种地区：适宜夏谷生态类型区夏播或晚春播种植。

合作方式：技术转让、技术许可。

联系单位：北京市农林科学院生物技术研究所
联 系 人：姚 磊　联系电话：13641376238
通信地址：北京市海淀区曙光花园中路 9 号　100097
电子邮箱：yaolei@baafs.net.cn

3　谷子'京谷 4'

选育单位：北京市农林科学院生物技术研究所

品种特性：在夏谷生态区，平均生育期 90 d；在春谷生态区，平均生育期 118~124 d。绿苗绿鞘，株高 123.53 cm；

圆筒穗，穗子较紧，穗长 20.91 cm，穗粗 2.23 cm，单穗重 19.11 g，穗粒重 15.99 g，千粒重 3.14 g；出谷率 83.67%，出米率 73.18%，黄谷黄米。在 2019—2020 年京津冀谷子区域适应性试验中平均亩产 351.25 kg，较对照'豫谷 18'增产 9.5%。2021 年参加全国谷子新品种联试，在东北春谷区，平均亩产 372.9 kg，较对照'九谷 11'增产 6.28%；在西北早熟区，平均亩产 419.0 kg。2022 年参加全国谷子新品种跨区联试，平均亩产 366.6 kg，较对照'冀谷 168'增产 4.3%，适应点率 100%。2022 年在洛阳伊川参展，平均亩产 362.11 kg。抗旱、抗倒伏，抗谷锈病、谷瘟病、纹枯病、白发病、红叶病和线虫病。

适种地区：广适型品种，在全国 4 个谷子主产区均可种植。

合作方式：技术转让、技术许可。

联系单位：北京市农林科学院生物技术研究所
联 系 人：姚 磊　　联系电话：13641376238
通信地址：北京市海淀区曙光花园中路 9 号　100097
电子邮箱：yaolei@baafs.net.cn

4　小麦'京麦 12'

选育单位：北京市农林科学院杂交小麦研究所

品种特性：高产、耐盐碱杂交小麦品种。冬性，中熟，比对照'新冬 20'熟期晚 2 d。幼苗匍匐，叶片宽长，分蘖力中等。株高 76.9 cm，株型较紧凑，抗倒性较好；穗层整齐，熟

 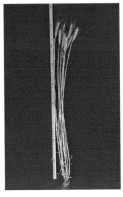 

相好，穗长方形，长芒，红粒，籽粒硬质、饱满，区试平均亩穗数 39.8 万穗，穗粒数 42.8 粒，千粒重 43.8 g。耐盐等级 1 级。抗寒性好。品质检测：籽粒容重 805 g/L，蛋白质含量 15.5%，湿面筋含量 39.8%，面团稳定时间 0.7 min，吸水率 61%。2020 年、2021 年参加南疆耐盐碱冬小麦组区域试验，两年平均亩产 505.2 kg，比对照'新冬 20 号'增产 10.2%。在 2021 年度生产试验中亩产 496.7 kg，比对照'新冬 20 号'增产 11.9%。

适种地区：适宜北京市平原地区水地种植，适宜南疆麦区种植。

合作方式：作价投资。

联系单位：北京市农林科学院杂交小麦研究所
联 系 人：张风廷　　联系电话：010-51503402
通信地址：北京市海淀区曙光花园中路 9 号　100097
电子邮箱：lyezh@163.com

5 小麦'京麦17'

选育单位： 北京市农林科学院杂交小麦研究所

品种特性： 高产、耐盐碱杂交小麦品种。冬性，中早熟，抽穗期、成熟期与对照'中麦175'相当。幼苗半匍匐，分蘖力和分蘖成穗率均中等。北京区试平均株高 81.3 cm；穗纺锤形，长芒，白壳，红粒，大穗大粒，平均亩穗数 42.1 万穗，穗粒数 36.3 粒，千粒重 45.3 g。抗倒性较好。2020 年、2021 年在北京市延庆区抗寒性鉴定中，抗寒级别分别为较好、中等。抗病性接种鉴定：高感叶锈病，中感条锈病和白粉病。优质中筋品种，2021 年农业农村部谷物品质监督检验测试中心品质测定结果：容重 795 g/L，粗蛋白含量（干基）14.5%，湿面筋含量 29.6%，吸水率 53.2%，面团稳定时间 3.8 min。2020 年、2021 年参加北京市高产稳产组区域试验，两年平均亩产 591.9 kg，比对照'中麦175'增产 9%。2022 年度在环渤海耐盐碱生产试验中，平均亩产 512.6 kg，比对照'济麦22'增产 13.35%。

适种地区： 适宜北京市平原地区水地种植，适宜在环渤海

耐盐碱杂交小麦组的天津、河北、山东以及江苏盐城滨海中轻度盐渍地区种植。

合作方式：技术转让、作价投资。

联系单位：北京市农林科学院杂交小麦研究所
联 系 人：张风廷　　联系电话：010-51503402
通信地址：北京市海淀区曙光花园中路 9 号　100097
电子邮箱：lyezh@163.com

6 小麦'京麦18'

选育单位：北京市农林科学院杂交小麦研究所

品种特性：杂交小麦品种。冬性，中早熟，抽穗期、成熟期和对照'中麦175'相当。幼苗直立，分蘖力和分蘖成穗率均中等。北京区试平均株高 89.3 cm；穗纺锤形，长芒，白壳，红粒，大穗大粒，平均亩穗数 42.1 万穗，穗粒数 35.5 粒，千粒重 47.2 g。抗倒性较好。2020 年、2021 年在北京市延庆区抗寒性鉴定中越冬死茎率分别为 11.5%、18.4%。抗寒级别分

别为较好、中等。抗病性接种鉴定：高感白粉病，中感叶锈病和条锈病。优质中筋品种，2020年农业农村部谷物品质监督检验测试中心品质测定结果：容重 836 g/L，粗蛋白含量（干基）14.6%，湿面筋含量 34.0%，吸水率 59.7%，面团稳定时间 3.2 min，最大拉伸阻力 202 Rm.E.U.，拉伸面积 41 cm²。

适种地区：适宜北京市平原区水地种植。

合作方式：技术转让、作价投资。

联系单位：北京市农林科学院杂交小麦研究所
联 系 人：张风廷　　联系电话：010-51503402
通信地址：北京市海淀区曙光花园中路 9 号　100097
电子邮箱：lyezh@163.com

7　小麦 '京麦179'

选育单位：北京市农林科学院杂交小麦研究所

品种特性：高产优质，是我国北部冬麦区第一个国家审定的杂交小麦品种。冬性，中早熟，成熟期比对照 '中麦175' 晚 1 d。幼苗半匍匐，分蘖力中等。株高 85 cm 左右，穗纺锤形，长芒、白壳、红粒。区试平均亩穗数 39.01 万穗、穗粒数 38.4 个、千粒重 47.0 g，大穗大粒型品种。抗倒性较好，抗寒性较好，中抗条锈病，高感叶锈病，中感白粉病。高蛋白、高容重，品质较

好。容重 810 g/L，蛋白质含量（干基）15.08%，湿面筋含量 36.5%，面团稳定时间 3.1 min。2015—2017 年度参加北部冬麦区水地组区域试验，平均亩产 590.9 kg，比对照'中麦 175'增产 10.4%。2016—2017 年度参加北部冬麦区水地组生产试验，平均亩产 563.7 kg，比对照'中麦 175'平均增产 11.9%。

适种地区：适宜北部冬麦区的北京、天津、河北中北部、山西等地水浇地。

联系单位：北京市农林科学院杂交小麦研究所
联 系 人：张风廷　　联系电话：010-51503402
通信地址：北京市海淀区曙光花园中路 9 号　100097
电子邮箱：lyezh@163.com

8　小麦'京麦 183'

选育单位：北京市农林科学院杂交小麦研究所

品种特性：杂交小麦品种，高产、抗倒、耐晚播。冬性，中早熟，成熟期比对照'中麦 175'晚 1 d。幼苗半直立，分蘖力较强。株高 85 cm 左右，株型较紧凑，抗倒性好，抗寒

性较好，整齐度较好，熟相好。穗纺锤形，长芒，红粒，籽粒角质，饱满度好。区试平均亩穗数 43.1 万穗，穗粒数 34.8 粒，千粒重 42.9 g。籽粒容重 795 g/L，蛋白质含量 15.4%，湿面筋含量

37.2%，面团稳定时间 1.9 min，吸水率 59%，为中筋小麦类型。2016—2017 年度北部冬麦区水地组区域试验，平均亩产597.5 kg，比对照'中麦 175'增产 8.5%。2018—2019 年度生产试验，平均亩产 564.7 kg，比对照'中麦 175'增产 7.8%。

适种地区：适宜北部冬麦区的北京、天津、河北中北部、山西北部等地水浇地。

联系单位：北京市农林科学院杂交小麦研究所
联 系 人：张风廷　　联系电话：010-51503402
通信地址：北京市海淀区曙光花园中路 9 号　100097
电子邮箱：lyezh@163.com

9 小麦'京麦 186'

选育单位：北京市农林科学院杂交小麦研究所、邓州昌平农业科技有限公司

品种特性：杂交小麦品种。冬性，中熟，成熟期比对照'中麦 175'晚 2 d。幼苗直立，叶色深绿，分蘖力较强。株高 82.6 cm，株型较紧凑，抗倒性强；穗层整齐，熟相好，穗纺锤形，长芒，红粒，籽粒半角质、饱满度好，大穗大粒，平均亩穗数 37.7 万穗，穗粒数 35.9 粒，千粒重48.1 g。抗病性鉴定：中感白粉病，高感条锈病，高感叶锈病。品质检测：籽粒容重

791.5 g/L，蛋白质含量 14.6%，湿面筋含量 35.2%，面团稳定时间 5.15 min，吸水率 59.5%，最大拉伸阻力 218 Rm.E.U.，拉伸面积 50 cm^2。2017—2018 年度参加北部冬麦区水地组区域试验，平均亩产 497.25 kg，比对照'中麦 175'增产 8.4%。在 2018—2019 年续试中，平均亩产 588.02 kg，比对照'中麦 175'增产 7.1%。在 2019—2020 年生产试验中，平均亩产 550.2 kg，比对照'中麦 175'增产 7.89%。

适种地区： 适宜北部冬麦区北京、天津、河北中北部、山西中部中等以上肥力水浇地块种植。

合作方式： 作价投资。

联系单位：北京市农林科学院杂交小麦研究所
联 系 人：张风廷　　联系电话：010-51503402
通信地址：北京市海淀区曙光花园中路 9 号　100097
电子邮箱：lyezh@163.com

10　小麦'京麦 189'

选育单位： 北京市农林科学院杂交小麦研究所

品种特性： 高产、耐盐碱杂交小麦品种。冬性，中熟，北部冬麦区比对照'中麦 175'熟期晚 2 d，南疆麦区比对照品种'新冬 20'熟期晚 3 d。幼苗半直立，叶片宽、长，分蘖力中等。北部冬麦区株高 86.6 cm，南疆冬麦区株高 78.2 cm，株型较紧凑，抗倒性较好；穗层整齐，熟相好，穗长方形，长芒、红粒、籽粒硬质、饱满，平均亩穗数 37.6 万穗，穗粒数 38.3 粒，千粒重 43.9 g。抗病性鉴定：高感条锈病，中感

白粉病，中感叶锈病。抗寒性较好。优质中筋品种，籽粒容重 804 g/L，蛋白质含量 15.3%，湿面筋含量 35.5%，面团稳定时间 4 min，吸水率 59%。2019 年度、2020 年度参加北部冬麦区水地组区域试验，2 年平均亩产 581.6 kg，比对照'中麦 175'增产 6.5%。在 2021 年度生产试验中亩产 574.9 kg，比对照'中麦 175'增产 7.5%。2020 年、2021 年度参加南疆耐盐碱冬小麦组区域试验，两年平均亩产 507.7 kg，比对照'新冬 20 号'增产 10.5%。在 2021 年度生产试验中亩产 510.9 kg，比对照'新冬 20 号'增产 15.1%。

适种地区：适宜北部冬麦区北京、天津、河北中北部、山西中部中等以上肥力水浇地块种植，适宜南疆麦区种植。

合作方式：作价投资。

联系单位：北京市农林科学院杂交小麦研究所

联 系 人：张风廷　　联系电话：010-51503402

通信地址：北京市海淀区曙光花园中路 9 号　100097

电子邮箱：lyezh@163.com

11 小麦'京农16'

选育单位: 北京市农林科学院杂交小麦研究所

品种特性: 冬性，常规品种，规全生育期257 d，比对照品种'中麦175'熟期晚2 d。幼苗直立，叶片宽，叶色深绿，分蘖力强。株高82.8 cm，株型较紧凑，抗倒性较好，整齐度好；穗层整齐，熟相好，穗纺锤形，长芒，白粒，籽粒硬质、饱满度高，亩穗数45.6万穗，穗粒数30粒，千粒重45.6 g。抗病性鉴定：高感条锈病，高感叶锈病，中感白粉病。抗寒性中等。品质检测：籽粒容重821 g/L，蛋白质含量14.95%，湿面筋含量37.5%，面团稳定时间1.8 min，吸水率62.5%。

适种地区: 适宜在北部冬麦水地组的河北省境内长城以南至保定市、沧州市中北部地区，北京市、天津市，山西省太原

市全部和晋中市、吕梁市、长治市、阳泉市的部分地区种植。

合作方式： 技术许可。

联系单位：北京市农林科学院杂交小麦研究所
联 系 人：王汉霞　　联系电话：15210608499
通信地址：北京市海淀区曙光花园中路 9 号　100097
电子邮箱：wanghanxia314@sina.com

12 小麦 '京农 19'

选育单位： 北京市农林科学院杂交小麦研究所

品种特性： 冬性，常规品种，全生育期 261 d，比对照品种'中麦 175'熟期晚 2 d。幼苗半匍匐，叶片宽短，叶色黄绿，分蘖力强。株高 82.2 cm，株型较紧凑，抗倒性较好，整齐度较好；穗层较整齐，熟相中，穗纺锤形，长芒，红粒，籽粒半硬质、饱满度较高，亩穗数 44.3 万穗，穗粒数 30.9 粒，千粒重 45.4 g。抗病性鉴定：高感白粉病、叶锈病，中感条锈病。抗寒性中等。品质检测：籽粒容重 815 g/L，蛋白质含量 15.50%，

湿面筋含量 38.55%，面团稳定时间 2.85 min，吸水率 60.0%。

适种地区：适宜在北部冬麦水地组的河北省境内长城以南
至河北省保定市、沧州市中北部地区，北京市、天津市，山西
省太原市全部和晋中市、吕梁市、长治市、阳泉市的部分地区
种植。

合作方式：技术许可。

联系单位：北京市农林科学院杂交小麦研究所
联 系 人：王汉霞　　联系电话：15210608499
通信地址：北京市海淀区曙光花园中路 9 号　　100097
电子邮箱：wanghanxia314@sina.com

13 玉米'京科 271'

选育单位：北京市农林科学院玉米研究所

品种特性：先后通过东北中熟春玉米区和黄淮海夏玉米
区机收审定。黄淮海夏玉米机收组，出苗至成熟 104 d，比对
照'郑单 958'早熟 2.5 d，适收期籽粒含水量 24.7%；东北中
熟春玉米机收组，出苗至成熟 130.5 d，比对照'先玉 335'早

熟 0.5 d，适收期籽粒含水量 24.45%。籽粒容重 758~780 g/L，粗淀粉含量 73.77%~75.69%，粗蛋白含量 8.79%~9.98%，粗脂肪含量 4.78%~4.81%，赖氨酸含量 0.30%~0.31%。2020—2021 年参加国家玉米品种黄淮海夏玉米机收组试验，2 年区域试验平均亩产 554 kg，比对照增产 10.3%；2021 年参加生产试验，平均亩产 527 kg，比对照增产 5.6%。2020—2021 年参加国家玉米品种东北中熟春玉米机收组试验，2 年区域试验平均亩产 759 kg，比对照增产 15.6%；2021 年参加生产试验，平均亩产 832 kg，比对照增产 9.1%。

适种地区：适宜在黄淮海夏玉米区的河南省、山东省、河北省中南部地区、陕西省关中灌区、山西省运城市部分平川地区、安徽省淮河以北地区、湖北省襄阳市、北京市部分地区作机收籽粒玉米种植。

适宜在东华北中熟春玉米区的辽宁省东部山区和辽北部分地区，吉林省吉林市、白城市和通化市大部分地区以及辽源市、长春市、四平市、松原市部分地区，黑龙江省第一积温带及绥化市、齐齐哈尔市地区，内蒙古自治区赤峰市、通辽市等部分中熟地区种植。

合作方式：技术许可。

联系单位：北京市农林科学院玉米研究所
联 系 人：蔡万涛　　联系电话：010-51502461
通信地址：北京市海淀区曙光花园中路 9 号　100097
电子邮箱：caiwt2009@126.com

14 玉米'京科369'

选育单位： 北京市农林科学院玉米研究所

品种特性： 籽粒容重 775~777 g/L，粗蛋白含量 8.76%~10.17%，粗脂肪含量 3.50%~3.79%，粗淀粉含量 73.35%~76.83%，赖氨酸含量 0.26%~0.31%。3 个主产区接种鉴定均中抗茎腐病，同时对穗粒腐、小斑病等具有良好的抗性。春播区比'先玉335'增产 3.5%，比'郑单958'增产 4.9%~8.0%；夏播区比'郑单958'增产 3.0%。

适种地区： 适宜在东华北中熟春玉米区、东华北中晚熟春玉米区、黄淮海夏玉米区种植。

适宜在东华北中熟春玉米区的辽宁省东部山区和辽北部分地区，吉林省吉林市、白城市、通化市大部分地区及辽源市、长春市、松原市部分地区，黑龙江省第一积温带，内蒙古自治区兴安盟、赤峰市、通辽市、呼和浩特市、包头市等部分地区，河北省张家口市坝下丘陵及河川中熟区和承德市中南部中熟区，山西省北部大同市、朔州市盆地区和中部及东南部丘陵区种植。

适宜在东华北中晚熟春玉米区的吉林省四平市、松原市、长春市的大部分地区及辽源市、白城市、吉林市部分地区以及通化市南部，辽宁省除东部山区和大连市、东港市以外的大部分地区，内蒙古自治区赤峰市和通辽市大

部分地区，山西省忻州市、晋中市、太原市、阳泉市、长治市、晋城市、吕梁市平川和南部山区，河北省张家口市、承德市、秦皇岛市、唐山市、廊坊市、保定市北部、沧州市北部春播区，北京市春播区，天津市春播区种植。

适宜在黄淮海夏玉米区的河南省，山东省，河北省保定市和沧州市的南部及以南地区，陕西省关中灌区，山西省运城市、临汾市、晋城市部分平川地区，江苏和安徽两省淮河以北地区，湖北省襄阳地区种植。

联系单位：北京市农林科学院玉米研究所
联 系 人：蔡万涛　　联系电话：010-51502461
通信地址：北京市海淀区曙光花园中路 9 号　　100097
电子邮箱：caiwt2009@126.com

15　玉米'京科 627'

选育单位：北京市农林科学院玉米研究所

品种特性：黄淮海夏玉米组，出苗至成熟 103 d，比对照'郑单 958'早熟 0.6 d；西北春玉米组，出苗至成熟 131.5 d，比对照'先玉 335'早熟 0.4 d。高抗茎腐病，中抗南方锈病和丝黑穗病。籽粒容重 758~770 g/L，粗蛋白含量 9.86%~10.10%，粗

脂肪含量 3.50%~3.53%，粗淀粉含量 74.73%~75.52%，赖氨酸含量 0.30%~0.32%。2018—2019 年参加黄淮海夏玉米组联合体区域试验，2 年平均亩产 655.8 kg，比对照'郑单 958'增产 5.5%。2018—2019 年参加西北春玉米组联合体区域试验，2 年平均亩产 1065.4 kg，比对照'先玉 335'增产 4.5%。

适种地区：适宜在河南省，山东省，河北省保定市和沧州市南部及其以南地区，陕西省关中灌区，山西省运城市和临汾市、晋城市部分平川地区，江苏和安徽两省淮河以北地区，湖北省襄阳地区等黄淮海夏播区域种植。

适宜在内蒙古自治区巴彦淖尔市大部分地区，鄂尔多斯市大部分地区，陕西省榆林地区、延安地区，宁夏回族自治区引扬黄灌区，甘肃省陇南市、天水市、庆阳市、平凉市、白银市、定西市、临夏州海拔 1800 m 以下地区及武威市、张掖市、酒泉市大部分地区，新疆维吾尔自治区昌吉回族自治州阜康市以西至博乐市以东地区、北疆沿天山地区、伊犁哈萨克自治州西部平原地区等西北春播区域种植。

联系单位：北京市农林科学院玉米研究所
联 系 人：蔡万涛　　联系电话：010-51502461
通信地址：北京市海淀区曙光花园中路 9 号　100097
电子邮箱：caiwt2009@126.com

16　玉米'京科 679'

选育单位：北京市农林科学院玉米研究所
品种特性：先后通过东北中熟春玉米区和黄淮海夏玉米区

机收审定。东北中熟春玉米区适收期籽粒含水量 25.3%；黄淮海夏玉米区适收期籽粒含水量 28.3%。籽粒容重 789 g/L，粗蛋白含量 10.50%，粗脂肪含量 4.18%，粗淀粉含量 73.72%，赖氨酸含量 0.31%。2019—2020 年参加东北中熟春玉米机收组良种攻关大区试验，2 年平均亩产 692.6 kg，比对照'先玉335'增产 14.1%；2020 年参加生产试验，平均亩产 724.5 kg，比对照'先玉 335'增产 8%。2019—2021 年参加国家玉米品种黄淮海夏玉米机收组区域试验，2019 年初试平均亩产 618 kg，比对照增产 9.8%；2021 年复试平均亩产 493 kg，比对照增产 24%；2 年区域试验平均亩产 556 kg，比对照增产 15.7%。2021 年参加国家玉米品种黄淮海夏玉米机收组生产试验，平均亩产 552 kg，比对照增产 10.9%。

适种地区：适宜在东华北中熟春玉米区的辽宁省东部山区和辽北部分地区，吉林省吉林市、白城市、通化市大部分地区以及辽源市、长春市、四平市、松原市部分地区，黑龙江省第一积温带及绥化、齐齐哈尔地区，内蒙古自治区兴安盟、赤峰市、通辽市、呼和浩特市、包头市、巴彦淖尔市、鄂尔多斯市等部分地区作机收品种种植。

适宜在黄淮海夏玉米区的河南省，山东省，北京市和河北省夏播区，陕西省关中灌区，山西省运城市和临汾市、晋城市部分平川地区，江苏和安徽两省淮河以北地区，湖北省襄阳地区种植。

联系单位：北京市农林科学院玉米研究所
联 系 人：蔡万涛　　联系电话：010-51502461
通信地址：北京市海淀区曙光花园中路 9 号　100097
电子邮箱：caiwt2009@126.com

17　玉米'京科978'

选育单位： 北京市农林科学院玉米研究所

品种特性： 东华北中晚熟春玉米组，出苗至成熟 128.6 d，比对照'郑单 958'早熟 0.9 d。籽粒容重 801 g/L，粗蛋白含量 11.25%，粗脂肪含量 3.30%，粗淀粉含量 74.52%，赖氨酸含量 0.29%，百粒重 37.1 g。2019—2020 年参加东华北地区中晚熟春玉米组联合体区域试验，2 年平均亩产 785 kg，比对照'郑单 958'增产 5.8%。2020 年参加生产试验，平均亩产

762 kg，比对照'郑单958'增产4.7%。

适种地区：适宜在东华北中晚熟春玉米区的吉林省四平市、松原市、长春市大部分地区及辽源市、白城市、吉林市部分地区以及通化市南部，辽宁省除东部山区和大连市、东港市以外的大部分地区，内蒙古自治区赤峰市和通辽市大部分地区，山西省忻州市、晋中市、太原市、阳泉市、长治市、晋城市、吕梁市平川和南部山区，河北省张家口市、承德市、秦皇岛市、唐山市、廊坊市、保定市北部、沧州市北部春播区，北京市春播区，天津市春播区种植。

联系单位：北京市农林科学院玉米研究所
联 系 人：蔡万涛　　联系电话：010-51502461
通信地址：北京市海淀区曙光花园中路9号　　100097
电子邮箱：caiwt2009@126.com

18 玉米'京科999'

选育单位：北京市农林科学院玉米研究所

品种特性：夏播出苗至成熟102 d，比对照'郑单958'早熟1.2 d。株型紧凑，株高269.8 cm，穗位高94 cm。果穗筒形，穗长17.8 cm，穗行数14~18行，穗轴红色，籽粒黄色、半马齿，百粒重33.1 g。田

间表现抗小斑病、弯孢菌叶斑病、南方锈病、茎腐病、瘤黑粉病等。籽粒容重 740 g/L，粗蛋白含量 8.31%，粗脂肪含量 3.90%，粗淀粉含量 75.60%，赖氨酸含量 0.26%。2018—2019 年黄淮海夏玉米组联合体区域试验平均亩产 665.4 kg，比对照 '郑单 958' 增产 6.57%；2019 年生产试验平均亩产 693.9 kg，比对照 '郑单 958' 增产 8.1%。

该品种由北京市农林科学院玉米研究所牵头，联合德农种业、屯玉种业、顺鑫农科种业、河南现代种业、安徽丰大种业、合肥丰乐种业、北京龙耘种业等多家骨干种子企业共同开发推广，推广应用前景广阔。

审定编号：国审玉 20200323。

适种地区：适宜黄淮海夏玉米区种植。

联系单位：北京市农林科学院玉米研究所
联 系 人：蔡万涛　　联系电话：010-51502461
通信地址：北京市海淀区曙光花园中路 9 号　100097
电子邮箱：caiwt2009@126.com

19 玉米 '京农科 235'

选育单位：北京市农林科学院玉米研究所、北京龙耘种业有限公司

品种特性：2020—2021 年参加国家玉米品种联合体黄淮海夏玉米组试验，2 年区域试验平均亩产 619 kg，比对照增产 7.3%；2021 年参加生产试验，平均亩产 563 kg，比对照增产 6.8%。2021—2022 年参加国家玉米品种联合体东华北中晚熟

春玉米组试验，2 年区域试验平均亩产 868.5 kg，比对照增产 8.05%；2022 年参加生产试验，平均亩产 830 kg，比对照增产 3.1%。两大主产区均中抗茎腐病，同时抗小斑病。黄淮海夏玉米区粗淀粉含量 75.05%，东华北中晚熟春玉米区粗淀粉含量 76.25%，均达到国家高淀粉玉米品种标准。

适种地区： 适宜在黄淮海夏玉米区的河南省，山东省，河北省保定市和沧州市南部及其以南地区，陕西省关中灌区，山西省运城市和临汾市、晋城市部分平川地区，江苏和安徽两省淮河以北地区，湖北省襄阳地区种植。

联系单位：北京市农林科学院玉米研究所
联 系 人：蔡万涛　　联系电话：010-51502461
通信地址：北京市海淀区曙光花园中路 9 号　　100097
电子邮箱：caiwt2009@126.com

20 玉米'京农科 767'

选育单位： 北京市农林科学院玉米研究所

品种特性： 黄淮海夏玉米组，出苗至成熟 103 d，比对照'郑单 958'早熟 0.5 d。籽粒容重 778 g/L，粗蛋白含量 10.23%，

粗脂肪含量 4.38%，粗淀粉含量 73.33%，赖氨酸含量 0.30%。

2019—2020 年参加黄淮海夏玉米组联合体区域试验，2 年平均亩产 675.5 kg，比对照'郑单 958'增产 3.6%。2020 年参加生产试验，平均亩产 663 kg，比对照'郑单 958'增产 4.1%。株型紧凑，株高 270 cm，穗位高 101 cm，穗位比适中，田间综合抗性好。

适种地区：适宜在河南省，山东省，河北省保定市和沧州市南部及其以南地区，陕西省关中灌区，山西省运城市、临汾市、晋城市部分平川地区，江苏和安徽两省淮河以北地区，湖北省襄阳地区等黄淮海夏播区域种植。

联系单位：北京市农林科学院玉米研究所
联 系 人：蔡万涛　　联系电话：010-51502461
通信地址：北京市海淀区曙光花园中路 9 号　100097
电子邮箱：caiwt2009@126.com

21　玉米'NK815'

选育单位：北京市农林科学院玉米研究所
品种特性：京津冀夏播区出苗至成熟历时 104 d，株型紧凑，株高 275 cm，穗位 98 cm。果穗筒形，籽粒黄色，硬粒型，百粒重 37.6 g，粗淀粉含量 75.80%，达到国家一级标准。抗弯孢叶斑病，中抗腐霉茎腐病和禾谷镰孢穗腐病。2015—2016 年参加京津冀夏播组区域试验，平均亩产 744.4 kg。

该品种具有高产、稳产、品质优、抗逆性强、抗病害、适宜机收等突出优势，成为 2017 年度京津冀三地首次联合审定的唯一夏播玉米品种，在生产上表现出耐高温、抗倒伏和品质优良等特点。

审定编号：京津冀审玉 20170001。

适种地区：适宜黄淮海夏玉米区、东华北中熟春玉米区、京津冀夏玉米种植。

联系单位：北京市农林科学院玉米研究所
联 系 人：蔡万涛　　联系电话：010-51502461
通信地址：北京市海淀区曙光花园中路 9 号　100097
电子邮箱：caiwt2009@126.com

22　玉米'MC121'

选育单位：北京市农林科学院玉米研究所

品种特性：黄淮海夏播出苗至成熟历时 100 d，比对照'郑单 958'早熟 2 d。幼苗叶鞘紫色，花药紫色，株型紧

凑，株高 269.0 cm，穗位高 102.5 cm，成株叶片数 19 片。果穗筒形，穗长 17.1 cm，穗行数 14~16 行，穗轴白色，籽粒黄色、半马齿，百粒重 35.0 g。中抗穗腐病、小斑病，感茎腐病、弯孢叶斑病、瘤黑粉病，高感粗缩病。籽粒容重 744 g/L，粗蛋白含量 8.52%，粗脂肪含量 3.81%，粗淀粉含量 74.2%，赖氨酸含量 0.28%。

2015—2016 年黄淮海夏玉米组区域试验平均亩产 712.2 kg，比对照'郑单 958'增产 7.5%。2017 年生产试验平均亩产 641.3 kg，比对照'郑单 958'增产 5.6%。

该品种是黄淮海夏播区、东华北中晚熟区等国家审定和京津冀三省联审品种，经与北京屯玉、北京德农、河南现代、顺鑫农科、安徽丰大、龙耘种业、合肥丰乐合作进行产业化开发，推广应用前景广阔。

审定编号：国审玉 20180070、京津冀审玉 20180004。

适种地区：适宜黄淮海夏玉米区、东华北中晚熟春玉米区、京津冀夏玉米区种植。

联系单位：北京市农林科学院玉米研究所
联 系 人：蔡万涛　联系电话：010-51502461
通信地址：北京市海淀区曙光花园中路 9 号　100097
电子邮件：caiwt2009@126.com

23 玉米'MC708'

选育单位： 北京市农林科学院玉米研究所

品种特性： 东华北中晚熟春玉米组，出苗至成熟 127.1 d，比对照'郑单 958'早熟 2.6 d。籽粒容重 775 g/L，粗蛋白含量 10.44%，粗脂肪含量 3.25%，粗淀粉含量 75.70%，赖氨酸含量 0.30%。2019—2020 年参加东华北中晚熟春玉米组联合体区域试验，2 年平均亩产 800.9 kg，比对照'郑单 958'增产 8%。2020 年参加生产试验，平均亩产 778.4 kg，比对照'郑单 958'增产 7%。

适种地区： 适宜在吉林省四平市、松原市、长春市的大部分地区及辽源市、白城市、吉林市部分地区以及通化市南部，辽宁省除东部山区和大连市、东港市以外的大部分地区，内蒙古自治区赤峰市和通辽市大部分地区，山西省忻州市、晋中市、太原市、阳泉市、长治市、晋城市、吕梁市平川和南部山区，河北省张家口市、承德市、秦皇岛市、唐山市、廊坊市、保定

市北部、沧州市北部春播区，北京市春播区，天津市春播区种植。

联系单位：北京市农林科学院玉米研究所

联 系 人：蔡万涛　　联系电话：010-51502461

通信地址：北京市海淀区曙光花园中路 9 号　100097

电子邮箱：caiwt2009@126.com

24　玉米 'MC877'

选育单位： 北京市农林科学院玉米研究所

品种特性： 2019—2020 年参加东华北中熟春玉米组联合体区域试验，2 年平均亩产 849.6 kg，比对照'先玉 335'增产 5.8%。2020 年生产试验，平均亩产 812.8 kg，比对照'先玉 335'增产 3.8%。籽粒容重 759 g/L，粗蛋白含量 9.56%，粗脂肪含量 4.25%，粗淀粉含量 75.33%，赖氨酸含量 0.27%。中抗灰斑病、茎腐病，田间抗倒性好。

适种地区： 适宜在东华北中熟春玉米区的辽宁省东部山区和辽北部分地区，吉林省吉林市、白城市、通化市大部分地区，辽源市、长春市、松原市部分地区，黑龙江省第一积温

带，内蒙古自治区兴安盟、赤峰市、通辽市、呼和浩特市、包头市等部分地区，河北省张家口市坝下丘陵及河川中熟区和承德市中南部中熟区，山西省北部大同市、朔州市盆地区和中部及东南部丘陵区种植。

适宜在内蒙古自治区巴彦淖尔市大部分地区、鄂尔多斯市大部分地区，陕西省榆林地区、延安地区，宁夏回族自治区引扬黄灌区，甘肃省陇南市、天水市、庆阳市、平凉市、白银市、定西市、临夏州海拔 1800 m 以下地区及武威市、张掖市、酒泉市大部分地区，新疆维吾尔自治区昌吉回族自治州阜康市以西至博乐市以东地区、北疆沿天山地区、伊犁哈萨克自治州西部平原地区等西北春播区域种植。

联系单位：北京市农林科学院玉米研究所
联 系 人：蔡万涛　　联系电话：010-51502461
通信地址：北京市海淀区曙光花园中路 9 号　　100097
电子邮箱：caiwt2009@126.com

25 玉米'京丰229'

选育单位：北京市农林科学院玉米研究所

品种特性：籽粒容重 804 g/L，粗淀粉含量 69.89%，粗蛋白含量 13.77%，粗脂肪含量 4.15%，赖氨酸含量 0.3%。2020—2021 年参加国家玉米品种联合体黄淮海夏玉米组试验，2 年区域试验平均亩产 626 kg，比对照增产 9.2%；2021 年参加生产试验平均亩产 576 kg，比对照增产 8.5%。株型半紧凑，株高 286 cm，穗位高 101 cm，穗位比适中，田间抗病和抗倒性好，熟期适宜。

适种地区：适宜在黄淮海夏玉米区的河南省，山东省，河北省保定市及沧州市南部及其以南地区，陕西省关中灌区，山西省运城市和临汾市、晋城市部分平川地区，江苏和安徽两省淮河以北地区，湖北省襄阳地区种植。

联系单位：北京市农林科学院玉米研究所
联 系 人：蔡万涛　　联系电话：010-51502461
通信地址：北京市海淀区曙光花园中路 9 号　100097
电子邮箱：caiwt2009@126.com

26 鲜食玉米'京科糯 337'

选育单位：北京市农林科学院玉米研究所、北京华奥农科玉育种开发有限责任公司

品种特性：南方（东南）鲜食糯玉米联合体试验，出苗至鲜穗采收 78 d，与对照'苏玉糯 5 号'熟期相当。幼苗叶鞘浅紫色，花丝绿色，花药紫色，颖壳绿色。株型半紧凑，株高 212 cm，穗位高 79 cm，

成株叶片数 17 片。果穗长锥形，穗长 20.6 cm，穗行数 14~16 行，穗轴白色，籽粒白色，糯质，鲜百粒重 37 g。外观品质和蒸煮品质 88.5 分。2 年区域试验平均亩产（鲜果穗）936 kg，比对照增产 31.9%。

适种地区：适宜安徽和江苏两省淮河以南地区，上海市、浙江省、江西省、福建省、广东省、广西壮族自治区及海南省的鲜食玉米区种植。

联系单位：北京市农林科学院玉米研究所
联 系 人：蔡万涛　　联系电话：010-51502461
通信地址：北京市海淀区曙光花园中路 9 号　100097
电子邮箱：caiwt2009@126.com

27 鲜食玉米 '京科糯 617'

选育单位：北京市农林科学院玉米研究所

品种特性：北方鲜食糯玉米组，出苗至鲜穗采收期 89 d。幼苗叶鞘绿色，叶片绿色，叶缘白色，花药黄色，颖壳绿色。株型半紧凑，株高 237 cm，穗位高 94 cm，成株叶片数 20~21 片。果穗长锥形，穗长 21.3 cm，穗行数 14~18 行，穗粗 5.1 cm，穗轴

白色，籽粒白色，糯质，百粒重 35.3 g。皮渣率 4.11%，品尝鉴定 85.5 分，支链淀粉占总淀粉含量 98.92%。2018—2020 年参加北方（黄淮海）鲜食糯玉米组国家统一区域试验，2 年平均亩产 951.1 kg，比对照'苏玉糯 2 号'增产 15.1%。

适种地区：适宜东华北、黄淮地区种植。

联系单位：北京市农林科学院玉米研究所
联 系 人：蔡万涛　　联系电话：010-51502461
通信地址：北京市海淀区曙光花园中路 9 号　100097
电子邮箱：caiwt2009@126.com

28 鲜食玉米'京科糯 625'

选育单位：北京市农林科学院玉米研究所

品种特性：北方（东华北）鲜食糯玉米组，出苗至鲜穗采收期 87.4 d，比对照'京科糯 569'早熟 1.1 d。幼苗叶鞘绿

色，叶片绿色，叶缘绿色，花药黄色，颖壳绿色。株型半紧凑，株高 238 cm，穗位高 100 cm，成株叶片数 20 片。果穗长筒形，穗长 20.2 cm，穗行数 14~18 行，穗粗 5 cm，穗轴白色，籽粒紫白花色，糯质，百粒重 35.7 g。皮渣率 3.43%，品尝鉴定 87 分，支链淀粉占总淀粉含量 98.64%。2017—2018 年参加北方（东华北）鲜食糯玉米组区域试验，2 年平均亩产 935.3 kg。

适种地区：适宜全国地区种植。

联系单位：北京市农林科学院玉米研究所
联 系 人：蔡万涛　　联系电话：010-51502461
通信地址：北京市海淀区曙光花园中路 9 号　100097
电子邮箱：caiwt2009@126.com

29　鲜食玉米 '京科糯 837'

选育单位：北京市农林科学院玉米研究所、北京华奥农科玉育种开发有限责任公司

品种特性：北方鲜食糯玉米组，出苗至鲜穗采收 79.2 d。幼苗叶鞘紫色，花丝浅绿色，花药紫色，颖壳绿色。株型半紧凑，株高 251 cm，穗位高 108 cm，成株叶片数 20 片。果穗长锥形，穗长 20.3 cm，穗行数 14~16 行，穗轴白色，籽粒白色，糯质，鲜百粒重 37.5 g。外观品质和蒸煮品质 86.6 分。2 年区域试验平均亩产（鲜果穗）914 kg，比对照增产 18.1%。

适种地区：适宜全国地区种植。

联系单位：北京市农林科学院玉米研究所
联 系 人：蔡万涛　　联系电话：010-51502461
通信地址：北京市海淀区曙光花园中路 9 号　100097
电子邮箱：caiwt2009@126.com

30 鲜食玉米'京科糯 2000E'

选育单位: 北京市农林科学院玉米研究所

品种特性: 鲜食糯玉米品种,出苗至鲜穗采收 79 d,比对照'京科糯 2000'早 3 d。幼苗叶鞘浅紫色,叶片绿色,叶缘白色,花药紫色,颖壳绿色。株型紧凑,株高 244 cm,穗位 98 cm,成株叶片数 20 片。双穗率 0.5%,空秆率 2.7%。果穗长筒形,穗长 21.6 cm,穗行数 14~18 行,行粒数 42.3 粒,穗粗 5 cm,轴粗 3.1 cm,穗轴白色,籽粒白色,糯质,鲜百粒重 40.4 g。籽粒(鲜样)含粗淀粉 20.45%,直链淀粉/粗淀粉 0.62%。2 年区域试验平均鲜穗亩产 982 kg,比对照'京科糯 2000'增产 7.5%。

适种地区: 适宜全国地区种植。

联系单位:北京市农林科学院玉米研究所
联 系 人:蔡万涛   联系电话:010-51502461
通信地址:北京市海淀区曙光花园中路 9 号   100097
电子邮箱:caiwt2009@126.com

31 鲜食玉米'京科糯 2000H'

选育单位：北京市农林科学院玉米研究所

品种特性：北方（东华北）鲜食糯玉米组，出苗至鲜穗采收期 89.8 d。幼苗叶鞘紫色，叶片绿色，叶缘紫色，花药紫色，颖壳绿色。株型半紧凑，株高 274 cm，穗位高 133 cm，成株叶片数 22 片。果穗长锥形，穗长 21.5 cm，穗行数 14~16 行，穗粗 4.8 cm，穗轴白色，籽粒白色，糯质，百粒重

34.5 g。皮渣率 4.49%，品尝鉴定 86.8 分，支链淀粉占总淀粉含量 98.43%。2018—2019 年参加北方（东华北）鲜食糯玉米组联合体区域试验，2 年平均亩产 927.3 kg。

适种地区：适宜全国地区种植。

联系单位：北京市农林科学院玉米研究所
联系人：蔡万涛　联系电话：010-51502461
通信地址：北京市海淀区曙光花园中路 9 号　100097
电子邮箱：caiwt2009@126.com

32 鲜食玉米'农科糯 336'

选育单位：北京市农林科学院玉米研究所

品种特性：甜加糯新型鲜食玉米品种，同一果穗上聚合了甜、糯 2 种类型籽粒，口感甜脆多汁，软嫩清香，同时表现出极早熟、高产稳产、抗性强等优良特性。北方春播出苗后 80 d 即可采收，较同期播种品种提早上市 7~10 d。果穗品质优，富含多种氨基酸、维生素，叶酸含量尤为丰富，含量高达 347 μg/100 g；口感好，籽粒甜度高、皮薄无渣；商品性好，穗形均匀美观，粒行整齐一致。该品种在原有甜加糯类型品种基础上，更加注重食味品质的优化，籽粒甜度及口感显著提升，提高了甜加糯型鲜食玉米品种整体水平，并将引领下一步甜加糯及糯玉米育种发展方向。

审定编号：国审玉 20200021。

适种地区：全国鲜食玉米产区均可种植。

联系单位：北京市农林科学院玉米研究所

联 系 人：蔡万涛　联系电话：010-51502461

通信地址：北京市海淀区曙光花园中路 9 号　100097

电子邮箱：caiwt2009@126.com

33 鲜食玉米'农科糯387'

选育单位：北京市农林科学院玉米研究所

品种特性：南方（西南）鲜食糯玉米组，出苗至鲜穗采收期85.7 d，比对照'渝糯7号'早熟0.7 d。幼苗叶鞘紫色，叶片深绿色，叶缘绿色，花药黄色，颖壳浅紫色。株型半紧凑，株高193 cm，穗位高76 cm，成株叶片数19片。果穗筒形，穗长18.3 cm，穗行数12~14行，穗粗4.7 cm，穗轴白色，籽粒紫白花色，糯质，百粒重38.3 g。皮渣率9.98%，品尝鉴定85.4分，支链淀粉占总淀粉含量98.24%。2017—2018年参加南方（西南）鲜食糯玉米组区域试验，2年平均亩产777.9 kg。

适种地区：适宜在西南鲜食玉米类型区的四川省，重庆市，贵州省，湖南省，湖北省及云南省中部的丘陵、平坝、低山地区作鲜食玉米种植。

联系单位：北京市农林科学院玉米研究所
联 系 人：蔡万涛　　联系电话：010-51502461
通信地址：北京市海淀区曙光花园中路9号　100097
电子邮箱：caiwt2009@126.com

34 鲜食玉米 '农科玉 328'

选育单位： 北京市农林科学院玉米研究所

品种特性： 南方鲜食糯玉米组，出苗至鲜穗采收期 88 d。幼苗叶鞘浅紫色，叶片深绿色，叶缘白色，花药浅紫色，颖壳绿色。株型半紧凑，株高 236 cm，穗位高 105 cm，成株叶片数 19 片。果穗短锥形，穗长 17.9 cm，穗行数 12~14 行，穗粗 5.7 cm，穗轴白色，籽粒白色、甜糯质，百粒重 38.3 g。皮渣率 6.80%，品尝鉴定 85.7 分，支链淀粉占总淀粉含量 97.30%。2019—2020 年参加南方（东南）鲜食糯玉米组联合体区域试验，2 年平均亩产 812.2 kg，比对照'苏玉糯 5 号'增产 17.3%。

适种地区： 适宜南方、京津冀等北方地区种植。

联系单位：北京市农林科学院玉米研究所
联 系 人：蔡万涛　　联系电话：010-51502461
通信地址：北京市海淀区曙光花园中路 9 号　100097
电子邮箱：caiwt2009@126.com

35 鲜食玉米'农科玉368'

选育单位: 北京市农林科学院玉米研究所

品种特性: 甜加糯、高叶酸型鲜食玉米品种。同一果穗上聚合了甜、糯、高叶酸等多个优良品质性状，既糯中带甜，又具有高叶酸营养强化功能，同时表现出适应性广、高产稳产、抗性强等特性。先后通过国家及多个

省市审（认）定，近3年累计推广面积达250万亩，是我国目前种植面积最大、覆盖范围最广的甜加糯类型鲜食玉米品种，荣获中国种子协会颁发的"2018年度鲜食玉米行业榜样"荣誉称号。鲜籽粒中叶酸含量在300 mg/100g以上，可作为叶酸强化补充食品，尤其适合孕妇及儿童食用。

该品种的选育创制了我国鲜食玉米新类型，具有显著的中国特色；打破了传统"南甜北糯"的饮食格局；极大地提高了我国鲜食玉米育种总体水平，达到了国际领先地位。

审定编号: 国审玉2015034，国审玉2016009，京审玉2015011，闽审玉2015003，宁审玉2015029，苏审玉201504，皖玉2016046，黑审玉2018Z002。

适种地区: 全国鲜食玉米产区均可种植。

联系单位：北京市农林科学院玉米研究所

联 系 人：蔡万涛　　联系电话：010-51502461

通信地址：北京市海淀区曙光花园中路 9 号　100097

电子邮箱：caiwt2009@126.com

36 鲜食玉米'京黄糯 269'

选育单位：北京市农林科学院玉米研究所、北京华奥农科玉育种开发有限责任公司

品种特性：北方（黄淮海）鲜食糯玉米组，出苗至鲜穗采收 73.4 d，比对照'苏玉糯 2 号'早熟 1.7 d。幼苗叶鞘浅紫色，花丝绿色，花药绿色，颖壳绿色。株型半紧凑，株高 203 cm，穗位高 80 cm，成株叶片数 20 片。果穗短筒形，穗长 17.4 cm，穗行数 18~20 行，穗轴白色，籽粒黄色，糯质，鲜百粒重 29.5 g。外观品质和蒸煮品质 86.5 分。2 年区域试验平均亩产（鲜果穗）818 kg，比对照增产 6.3%。

适种地区：适宜在黄淮海鲜食玉米类型区，北京市、天津市、河北省中南部、河南省、山东省、陕西省关中灌区、山西省南部、安徽和江苏两省淮河以北地区作为鲜食玉米种植。

联系单位：北京市农林科学院玉米研究所
联 系 人：蔡万涛　　联系电话：010-51502461
通信地址：北京市海淀区曙光花园中路 9 号　　100097
电子邮箱：caiwt2009@126.com

37　鲜食玉米 '京科甜 365'

选育单位：北京市农林科学院玉米研究所

品种特性：北方（东华北）鲜食甜玉米组，出苗至鲜穗采收期 86 d。幼苗叶鞘绿色，叶片绿色，叶缘白色，花药黄色，颖壳绿色。株型平展，株高 251 cm，穗位高 95 cm，成株叶片数 18~19 片。果穗长筒形，穗长 19.9 cm，穗行数 14~18 行，

穗粗 4.9 cm，穗轴白色，籽粒白色、甜质，百粒重 34.5 g。皮渣率 5.78%，还原糖含量 10.34%，水溶性总含糖量 32.14%，品尝鉴定 88.8 分。2019—2020 年参加北方（东华北）鲜食甜玉米组联合体区域试验，2 年平均亩产 881 kg。

适种地区：适宜在黑龙江省第五积温带至第一积温带，吉林省、辽宁省、内蒙古自治区、河北省、山西省、北京市、新疆维吾尔自治区、宁夏回族自治区、甘肃省、陕西省等玉米春播种植区种植。

联系单位：北京市农林科学院玉米研究所

联系人：蔡万涛　　联系电话：010-51502461

通信地址：北京市海淀区曙光花园中路 9 号　100097

电子邮箱：caiwt2009@126.com

38　鲜食玉米'京科甜 633'

选育单位： 北京市农林科学院玉米研究所

品种特性： 南方（东南）鲜食甜玉米联合体试验，出苗至鲜穗采收 77.5 d。幼苗叶鞘、花丝、花药、颖壳呈绿色。株型半紧凑，株高 238 cm，穗位高 81 cm，成株叶片数 18 片。果穗长筒形，穗长 19.4 cm，穗行数 14~16 行，穗轴白色，籽粒黄色，甜质，鲜百粒重 38.8 g。外观品质和蒸煮品质 86.4 分。2 年区域试验平均亩产（鲜果穗）917 kg，比对照增产 4.7%。

适种地区： 适宜安徽省和江苏省淮河以南地区，上海市、浙江省、江西省、福建省、广东省、广西壮族自治区及海南省的国家东南鲜食玉米区种植。

联系单位：北京市农林科学院玉米研究所

联系人：蔡万涛　　联系电话：010-51502461

通信地址：北京市海淀区曙光花园中路 9 号　100097

电子邮箱：caiwt2009@126.com

二、瓜菜作物

1 菜心'18A1'

选育单位：北京市农林科学院蔬菜研究所

品种特性：杂交一代菜心品种，早熟，从播种到采收 40 d 左右，叶片椭圆形，叶色深绿，菜薹油绿，薹质脆嫩，口感好。株高29.4 cm，开展度 28.6 cm，

薹长 22.2 cm，薹粗 1.94 cm，单株薹重 46 g。

适种地区：适宜广东省广州市等南方地区秋冬季和菜场基地（指菜商在广州市、宁夏回族自治区等菜心主产区大面积租地生产菜心，产品收获后立刻进行预冷处理，然后运销中国香港等地）种植。

合作方式：孵化开发。

联系单位：北京市农林科学院蔬菜研究所
联 系 人：张德双　　联系电话：010-51503031
通信地址：北京市海淀区彰化路 50 号　　100097
电子邮箱：zhangdeshuang@nercv.org

2 菜心'甜心1号'

选育单位: 北京市农林科学院蔬菜研究所

品种特性: 杂交一代菜心品种,早熟,生育期50 d左右,尖叶,叶片大小适中,菜薹油绿有光泽,品质脆嫩,纤维少,品质佳。

适种地区: 适宜北京市、广东省、云南省、宁夏回族自治区、甘肃省种植。

合作方式: 孵化开发。

联系单位: 北京市农林科学院蔬菜研究所
联 系 人: 张德双　　联系电话: 010-51503031
通信地址: 北京市海淀区彰化路 50 号　100097
电子邮箱: zhangdeshuang@nercv.org

3 菜薹'青苔22'

选育单位: 北京市农林科学院蔬菜研究所

品种特性: 杂交一代菜薹品种,中熟,从播种至采收约55 d。植株整齐一致,长势旺,叶片深绿色,菜薹亮绿、粗壮、顺直、甘甜,品质佳。侧薹萌发能力特强,可多次采收。

适种地区：适宜广东省广州市、宁夏回族自治区、甘肃省、河北省种植。

合作方式：孵化开发。

联系单位：北京市农林科学院蔬菜研究所
联 系 人：张德双
联系电话：010-51503031
通信地址：北京市海淀区彰化路 50 号
　　　　　100097
电子邮箱：zhangdeshuang@nercv.org

4　白菜薹'京香 20'

选育单位：北京市农林科学院蔬菜研究所

品种特性：杂交一代白菜薹品种，植株生长势强，叶嫩、浅绿色，叶片皱，叶缘波状，叶柄较宽、洁白；菜薹粗壮，柔软肥嫩，多汁，味甜，品质佳，侧薹萌发能力强，可多次采收。

适种地区：适宜北京市、河北省、福建省、广东省、甘肃省、宁夏回族自治区等地种植。

合作方式：孵化开发。

联系单位：北京市农林科学院蔬菜研究所
联 系 人：张德双　　联系电话：010-51503031
通信地址：北京市海淀区彰化路 50 号　100097
电子邮箱：zhangdeshuang@nercv.org

5　芥蓝'京研绿宝芥蓝'

选育单位：北京市农林科
学院蔬菜研究所

品种特性：杂交一代芥蓝
白花种。植株长势旺，叶片微
皱，叶色深绿，蜡粉适中。商
品菜薹整齐、美观，单薹重约
100 g，薹粗约 1.8 cm。播种
后 50~55 d 收获，熟性一致，
采收主薹后，应加强肥水管理，可继续采收 3 个侧薹。

适种地区：适宜广东省广州市、宁夏回族自治区、甘肃
省、北京市种植。

合作方式：孵化开发。

联系单位：北京市农林科学院蔬菜研究所
联 系 人：张德双　　联系电话：010-51503031
通信地址：北京市海淀区彰化路 50 号　100097
电子邮箱：zhangdeshuang@nercv.org

6 芥蓝'京紫1号'

选育单位: 北京市农林科学院蔬菜研究所

品种特性: 杂交一代芥蓝品种,生育期70 d左右,株型较直立,生长势旺,叶色深,叶面皱,菜薹紫色,筷形,单株净菜重0.13 kg左右。

适种地区: 广东省广州市、宁夏回族自治区、甘肃省、河北省。

合作方式: 孵化开发。

联系单位: 北京市农林科学院蔬菜研究所
联 系 人: 张德双　联系电话: 010-51503031
通信地址: 北京市海淀区彰化路50号　100097
电子邮箱: zhangdeshuang@nercv.org

7 芥蓝'京紫2号'

选育单位: 北京市农林科学院蔬菜研究所

品种特性: 最新育成的紫色、无蜡质杂交一代芥蓝品种,植株生长势强,晚熟,生育期80 d左右;株高31.4 cm,开展度50.2 cm,叶片较大、卵圆形、深绿色,叶面有光泽,叶片

和菜薹无蜡质；菜薹深紫色，薹长 25.0 cm、粗 2.04 cm，口感脆嫩，可多次采收；维生素 C 含量 149.4 mg/kg，蛋白质含量 28.85%，花青素含量 49.17 mg/kg，胡萝卜素含量 8.73 mg/kg，单株净薹重 65~115 g，产量 15~20 t/hm^2。

适种地区：适宜广东省广州市等南方地区秋冬季及宁夏回族自治区、甘肃省、河北省菜场基地种植。

合作方式：孵化开发。

联系单位：北京市农林科学院蔬菜研究所
联系人：张德双　联系电话：010-51503031
通信地址：北京市海淀区彰化路 50 号　100097
电子邮箱：zhangdeshuang@nercv.org

8　芥蓝'京紫 3 号'

选育单位：北京市农林科学院蔬菜研究所

品种特性：最新育成的不育系杂交一代芥蓝品种。生育期 75 d 左右，株型直立，生长势旺，叶色深，叶面皱，菜薹紫红色，筷形，可多次采收，单株净菜重 0.10 kg 左右。富含花青素和胡萝卜素，其中每 100 g 干重含花青素 4.92 mg。

适种地区：适宜广东省广州市等南方地区秋冬季，以及宁夏回族自治区、甘肃省、河北省菜场基地种植。

合作方式：孵化开发。

联系单位：北京市农林科学院蔬菜研究所
联 系 人：张德双　　联系电话：010-51503031
通信地址：北京市海淀区彰化路 50 号　100097
电子邮箱：zhangdeshuang@nercv.org

9　甘蓝'紫甘 12'

选育单位：北京市农林科学院蔬菜研究所、京研益农（北京）种业科技有限公司

品种特性：最新育成的中熟杂交一代紫甘蓝品种，定植后 75 d 左右收获。植株生长势强，株型紧凑，可适当密植。叶球圆形，结球紧实，深

紫色，单球重 1.5~2.0 kg，品质优良，商品性好。耐裂、耐贮运，抗病、耐热，适合春秋季栽培。2020 年通过甘蓝新品种登记。

适种地区：适宜北京市、河北省、山东省、河南省、陕西省、新疆维吾尔自治区、甘肃省种植。

联系单位：北京市农林科学院蔬菜研究所
联 系 人：康俊根　　联系电话：010-51503040
通信地址：北京市海淀区彰化路 50 号　100097
电子邮箱：kangjungen@nercv.org

10　大白菜'京春黄2号'

选育单位：北京市农林科学院蔬菜研究所

品种特性：杂交一代黄心春大白菜品种，定植后 60 d 左右收获。耐抽薹性强，抗病毒病、霜霉病和软腐病，品质佳。外叶深绿色，内叶黄色，叶球合抱，炮弹形，球高 28.5 cm，球直径 16 cm，单球重 2.2~2.5 kg。

适种地区：适宜北京市、河北省种植。

联系单位：北京市农林科学院蔬菜研究所
联 系 人：张凤兰　　联系电话：010-51503038
通信地址：北京市海淀区彰化路 50 号　100097
电子邮箱：zhangfenglan@nercv.org

11 花椰菜 '紫花616'

选育单位： 北京市农林科学院蔬菜研究所

品种特性： 杂交一代中晚熟紫色花椰菜品种，秋季定植后85 d以上收获，春季70 d左右。植株生长势强，叶片自覆性好。花球紫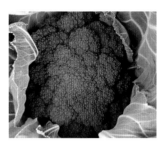色、半松花，紫梗；单球重1 kg以上。春、秋季均可种植。

适种地区： 适宜华北、西北、西南、华东、华南等地区种植。

联系单位：北京市农林科学院蔬菜研究所
联 系 人：丁云花　　联系电话：010-51503045
通信地址：北京市海淀区彰化路50号　100097
电子邮箱：dingyunhua@nercv.org

12 西兰花 '碧绿258'

选育单位： 北京市农林科学院蔬菜研究所

品种特性： 杂交一代西兰花品种，秋季从定植到收获85 d左右。植株长势强，株型直立。花球绿色，低温不变紫；单球重0.5 kg左

右。适宜秋季栽培。

适种地区：适宜华北、西北地区种植。

联系单位：北京市农林科学院蔬菜研究所
联 系 人：丁云花　　联系电话：010-51503045
通信地址：北京市海淀区彰化路 50 号　100097
电子邮箱：dingyunhua@nercv.org

13 生菜 '京华 1 号'

选育单位：北京市农林科学院生物技术研究所

品种特性：属于散叶生菜大类，叶片深裂。又因其叶片边缘有花青苷显色，尤其是露天种植时，花青素含量较高，因此有一定的抗氧化作用，是良好的保健蔬菜。已申请植物新品种权。

适种地区：适应性广，正常适宜气候和栽培条件下，我国南北方均可种植。

合作方式：孵化开发、技术转让、技术许可、技术服务、作价投资。

联系单位：北京市农林科学院生物技术研究所
联 系 人：李 波　　联系电话：15652755573
通信地址：北京市海淀区曙光花园中路 11 号　100097
电子邮箱：libo952@163.com

14 生菜'京优108'

选育单位： 北京市农林科学院生物技术研究所

品种特性： 属于罗马生菜大类，叶片颜色暗红，适宜搭配绿色生菜凉拌。又因其叶片有较深的花青苷显色，故花青素含量较高，有一定的抗氧化作用，是良好的保健蔬菜。已申请植物新品种权。

适种地区： 适应性广，正常适宜气候和栽培条件下，我国南北方均可种植。

合作方式： 孵化开发、技术转让、技术许可、技术服务、作价投资。

联系单位：北京市农林科学院生物技术研究所
联 系 人：李 波 联系电话：15652755573
通信地址：北京市海淀区曙光花园中路11号 100097
电子邮箱：libo952@163.com

15 生菜'京优118'

选育单位： 北京市农林科学院生物技术研究所

品种特性： 属于罗马生菜大类，生长速度快，叶片颜色鲜

红，适宜搭配绿色生菜凉拌。其花青素含量较高，是良好的保健蔬菜。已申请植物新品种权。

适种地区：适应性广，正常适宜气候和栽培条件下，我国南北方均可种植。

合作方式：孵化开发、技术转让、技术许可、技术服务、作价投资。

联系单位：北京市农林科学院生物技术研究所
联 系 人：李 波 联系电话：15652755573
通信地址：北京市海淀区曙光花园中路 11 号 100097
电子邮箱：libo952@163.com

16 生菜'京优 128'

选育单位：北京市农林科学院生物技术研究所

品种特性：属于罗马生菜大类，生物量大，抗性好。叶片颜色有花青苷显色，适合生吃、蘸酱吃或者与其他绿色蔬菜搭配在一起做沙拉吃。已申请植物新品种权。

适种地区： 适应性广，正常适宜气候和栽培条件下，我国南北方均可种植。

合作方式： 孵化开发、技术转让、技术许可、技术服务、作价投资。

联系单位：北京市农林科学院生物技术研究所
联 系 人：李 波　　联系电话：15652755573
通信地址：北京市海淀区曙光花园中路 11 号　100097
电子邮箱：libo952@163.com

17　生菜'京优138'

选育单位： 北京市农林科学院生物技术研究所

品种特性： 属于罗马生菜大类，生长速度快，抗性好。叶片绿色带些许花青苷显色（包括叶脉），叶片很厚，生物量较大，属于全抱球罗马生菜。已申请植物新品种权。

适种地区： 适应性广，正常适宜气候和栽培条件下，我国南北方均可种植。

合作方式： 孵化开发、技术转让、技术许可、技术服务、作价投资。

联系单位：北京市农林科学院生物技术研究所

联 系 人：李 波　　联系电话：15652755573

通信地址：北京市海淀区曙光花园中路 11 号　100097

电子邮箱：libo952@163.com

18　番茄'京番308'

选育单位： 京研益农（北京）种业科技有限公司、北京市农林科学院蔬菜研究所

品种特性： 粉果番茄杂交种，无限生长型，早熟，果实圆形，绿肩，单穗结果数 4~7 个，单果重 80~100 g，酸甜可口味道佳，耐裂性好，具有 *Tm2a*、*Mi1* 等抗性基因位点，适合春秋保护地或露地种植。

适种地区： 适宜北京市、天津市、河北省、山东省、辽宁省种植。

联系单位：北京市农林科学院蔬菜研究所

联 系 人：李常保　　联系电话：15801017170

通信地址：北京市海淀区彰化路 50 号　100097

电子邮箱：lichangbao@nercv.org

19 番茄'京番309'

选育单位： 京研益农（北京）种业科技有限公司、北京市农林科学院蔬菜研究所

品种特性： 粉果番茄杂交种，无限生长型，早熟，果实圆形，绿肩，单穗结果数3~5个，单果重200~220 g，酸甜可口味道佳，耐裂性好，具有 *Ty1*、*Ty3a*、*Tm2a*、*Mi1* 等抗性基因位点，适合春秋保护地或露地种植。

适种地区： 适宜北京市、天津市、河北省、山东省、辽宁省种植。

联系单位：北京市农林科学院蔬菜研究所
联 系 人：李常保　　联系电话：15801017170
通信地址：北京市海淀区彰化路50号　　100097
电子邮箱：lichangbao@nercv.org

20 番茄'京番绿星3号'

选育单位: 京研益农(北京)种业科技有限公司、北京市农林科学院蔬菜研究所

品种特性: 绿色樱桃番茄杂交种,无限生长型,圆形果,早熟,萼片平展,单穗结果数15~20个,单果重16~20 g,耐裂,口味酸甜,风味浓郁,具有 *Tm2a*、*Sw5*、*Ph3* 等抗性基因位点。

适种地区: 适宜北京市、天津市、河北省、山东省、海南省、广西壮族自治区种植。

联系单位: 北京市农林科学院蔬菜研究所
联 系 人: 李常保 联系电话: 15801017170
通信地址: 北京市海淀区彰化路50号 100097
电子邮箱: *lichangbao@nercv.org*

21 黄瓜'京研玉甜156'

选育单位：北京市农林科学院蔬菜研究所、京研益农（北京）种业科技有限公司

品种特性：生长势强。全雌，主蔓结瓜为主，第5节左右开始着生雌花，早熟。瓜长约13 cm、横径约2.8 cm，单瓜重约90 g。瓜皮白绿色，无瘤，有不明显的小黑刺，有光泽，蜡粉薄。瓜肉浅绿色，瓜味甜脆、清香。适宜春季保护地种植。

适种地区：适宜北京市、天津市、河北省、河南省、山东省、山西省、甘肃省、宁夏回族自治区、内蒙古自治区、辽宁省、广东省等地区种植。

联系单位：北京市农林科学院蔬菜研究所

联 系 人：毛爱军　　联系电话：18519840588

通信地址：北京市海淀区彰化路50号　100097

电子邮箱：maoaijun@nercv.org

22 辣椒'胜寒740'

选育单位：北京市农林科学院蔬菜研究所

品种特性：杂交一代中早熟辣椒品种，株型直立，开展度中等，生长旺盛，耐寒性好，连续坐果能力强。商品果淡绿色，成熟后转红色，果实宽羊角，果形顺直，果面光滑，商品性好，正常温度下，长度可达28~30 cm，直径5.2 cm左右，单果重120~170 g；辣味中等；抗病毒病能力强；适合秋冬茬、早春茬保护地以及日光温室一大茬种植。2023年，'胜寒740'获得农业农村部新品种保护权。

适种地区：在京津冀及山东省、河南省等北方日光温室越冬一大茬生产中示范推广1.5万亩以上，成为目前我国越冬茬牛角椒主栽品种之一。

合作方式：技术转让、技术服务。

联系单位：北京市农林科学院蔬菜研究所

联 系 人：耿三省　　联系电话：010-51503007，13501158563

通信地址：北京市海淀区彰化路50号　100097

电子邮箱：gengsansheng@nercv.org

23 辣椒 '胜寒742'

选育单位： 北京市农林科学院蔬菜研究所

品种特性： 杂交一代中早熟辣椒品种，株型直立，开展度中等，生长旺盛，耐寒性好，连续坐果能力强。商品果淡绿色，成熟后转红色，果实长牛角形，果形顺直，果面光滑，商品性好，正常温度下，长度可达28~30 cm，直径4.6 cm左右，单果重100~150 g；辣味中等；抗病毒病能力强；适合秋冬茬、早春茬保护地以及日光温室一大茬种植。2023年，'胜寒742'获得农业农村部新品种保护权。

适种地区： 在京津冀及辽宁省、内蒙古自治区、山东省等北方日光温室越冬一大茬生产中示范推广2万亩以上，成为目前我国越冬茬牛角椒主栽品种之一。

合作方式： 技术转让、技术服务。

联系单位：北京市农林科学院蔬菜研究所

联 系 人：耿三省　　联系电话：010-51503007，13501158563

通信地址：北京市海淀区彰化路50号　100097

电子邮箱：gengsansheng@nercv.org

24 辣椒 '京旋 79'

选育单位: 北京市农林科学院蔬菜研究所

品种特性: 杂交一代中早熟辣椒品种, 始花节位为第 9 节的居多, 植株生长势强。持续坐果能力强, 果实商品率高。果实呈螺旋状, 果实基部褶皱。单果重约 75 g, 果长约 24 cm, 果肩宽约 4.0 cm, 肉厚约 0.38 cm。青熟期果实绿色, 成熟期果实红色。辣味浓。耐青枯病、疫病和 TMV 病毒病。

适种地区: 适宜新疆维吾尔自治区等地区春季种植。

联系单位: 北京市农林科学院蔬菜研究所

联 系 人: 王朝莲　联系电话: 13701261886

通信地址: 北京市海淀区彰化路 50 号　100097

电子邮箱: wangchaolian@nercv.org

25 西瓜'京美10K02'

选育单位: 北京市农林科学院蔬菜研究所

品种特性: 中晚熟有籽西瓜品种。果实发育期33~35 d。果实椭圆形,果形指数1.38,果实底色绿色,条带为墨绿色锐齿条,蜡粉少,果皮厚1.12 cm左右,单瓜重9.5 kg左右。果肉红色,剖面均匀。获得品种登记[GPD西瓜(2019)110126]。

适种地区: 适宜山东省、河北省、辽宁省、吉林省、安徽省、云南省等地及东南亚国家种植。

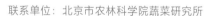

联系单位: 北京市农林科学院蔬菜研究所

联 系 人: 宫国义   联系电话: 010-51503035

通信地址: 北京市海淀区彰化路50号   100097

电子邮箱: gongguoyi@nercv.org

26 西瓜 '京彩 1 号'

选育单位： 北京市农林科学院蔬菜研究所

品种特性： 早熟特色西瓜品种。果实椭圆形，单瓜重 2.0 kg，外形美观。果肉瓤色独特，橙红色，β- 胡萝卜素含量为 25 mg/kg（鲜重含量是正常红肉西瓜的 4 倍以上），剖面均匀，口感酥脆，中心含糖量超过 13%，耐裂性强，田间无裂瓜，可以单株多瓜或多茬栽培，丰产性强。获得品种登记［GDP 西瓜（2019）110397］。

适种地区： 适宜北京市、河北省、山东省、辽宁省、河南省、安徽省、陕西省、云南省、海南省等地种植。

联系单位：北京市农林科学院蔬菜研究所
联 系 人：宫国义　　联系电话：010-51503035
通信地址：北京市海淀区彰化路 50 号　　100097
电子邮箱：gongguoyi@nercv.org

27 南瓜'中型贝贝'

选育单位：京研益农（北京）种业科技有限公司、北京市农林科学院蔬菜研究所

品种特性：迷你南瓜品种，生长势强，雌花多，瓜码密，产量高。商品瓜厚扁圆形，深绿色，光泽度好，口感甘甜、细面，口味佳。单瓜重700 g左右。耐低温、寡照，结瓜性好。

适种地区：适宜春秋大棚及露地栽培。

联系单位：北京市农林科学院蔬菜研究所
联 系 人：李海真　　联系电话：010-51503010
通信地址：北京市海淀区彰化路50号　　100097
电子邮箱：lihaizhen@nercv.org

三、果树

1 山楂'佳甜'

选育单位: 北京市农林科学院林业果树研究所

品种特性: 该品种是从湖北山楂自然授粉后获得的实生后代中筛选得到的优良品种。最显著的特点是果皮鲜红色,有光泽;果点小而少,黄褐色;果面光洁艳丽;果肉橙黄,肉质松软,风味甜,糖酸比高达6.67。该品种适应性强,树体成形快,果实适于鲜食和加工利用,也是优良的绿化树种。

适种地区: 适宜北京市、河北省、山东省、河南省等地种植。

合作方式: 技术转让、技术许可。

联系单位: 北京市农林科学院林业果树研究所
联 系 人: 董宁光　　联系电话: 13521916702
通信地址: 北京市海淀区香山瑞王坟甲 12 号　100093
电子邮箱: dongng@sina.com

2 杏'京仁4号'

选育单位： 北京市农林科学院林业果树研究所

品种特性： 仁用杏新品种，杏与扁桃远缘杂交培育而成。果实7月中旬成熟，卵圆形，有果顶尖；成熟时果皮黄色，向阳面具片状红色，着色面积中等；果核卵圆形，核壳粗糙，单核平均鲜重4.15 g；核仁饱满，味甜，双仁多，平均单仁鲜重1.15 g、干重0.93 g，离核，出仁率29.98%；杏仁脂肪含量435.96 g/kg，蛋白质含量288.28 g/kg，钙含量1.11 g/kg，铁含量23.01 mg/kg。丰产稳产，适应性强，综合性状优良。

适种地区： 适宜北京市及具有相似生态条件区域种植。

合作方式： 孵化开发、技术转让、技术服务、作价投资。

联系单位：北京市农林科学院林业果树研究所

联 系 人：孙浩元　　联系电话：010-62599649

通信地址：北京市海淀区香山瑞王坟甲12号　100093

电子邮箱：haoyuansun@139.com

3 杏'京仁 5 号'

选育单位：北京市农林科学院林业果树研究所

品种特性：仁用杏新品种，杏与扁桃远缘杂交培育而成。果实 7 月中旬成熟，卵圆形，果顶圆凸；成熟时果皮黄色，向阳面具片状红色，着色面积中等；离核，果核卵圆形，单核平均鲜重 3.72 g；核仁饱满，味甜，平均单仁干重 0.96 g，出仁率 25.6 %；杏仁脂肪含量 493.64 g/kg，蛋白质含量 269.84 g/kg，钙含量 1.36 g/kg，铁含量 18.9 mg/kg。丰产稳产，适应性强，综合性状优良。

适种地区：适宜北京市及具有相似生态条件区域种植。

合作方式：孵化开发、技术转让、技术服务、作价投资。

联系单位：北京市农林科学院林业果树研究所
联 系 人：孙浩元　　联系电话：010-62599649
通信地址：北京市海淀区香山瑞王坟甲 12 号　100093
电子邮箱：haoyuansun@139.com

4 杏'京绯红'

选育单位: 北京市农林科学院林业果树研究所

品种特性: 晚熟鲜食杏新品种。果实圆形,果顶凹,缝合线深度中等,两侧果肉较对称,平均单果重 74.5 g;果皮底色橙黄,着中等面积片状红色;果肉橙黄色,汁液、纤维含量中等;果实硬度中等,可溶性固形物含量 13.5%,味酸甜,略有香气;半离核,苦仁。6 月下旬至 7 月上旬成熟,供应期长,丰产。

适种地区: 适宜北京市及具有相似生态条件区域种植。

合作方式: 孵化开发、技术转让、技术服务、作价投资。

联系单位: 北京市农林科学院林业果树研究所

联 系 人: 孙浩元　　联系电话: 010-62599649

通信地址: 北京市海淀区香山瑞王坟甲 12 号　　100093

电子邮箱: haoyuansun@139.com

5 葡萄 '瑞都科美'

选育单位：北京市农林科学院林业果树研究所

品种特性：果穗圆锥形，有副穗，单或双歧肩，平均穗长 17.80 cm，穗宽 11.41 cm，平均单穗重 502.5 g，果穗紧密度中或松，穗梗长 4.41 cm；果梗长 0.91 cm；果粒着生紧密度中或松，果粒椭圆形或卵圆形，果粒纵径 24.5 mm，果粒横径 19.1 mm，平均单粒重 7.2 g，最大单粒重 9.0 g，全穗果粒大小较整齐一致；果皮黄绿色、中等厚，果粉中，果皮较脆，无或稍有涩味；果肉颜色无或极浅，果汁颜色无或极浅，果肉具有玫瑰香味，香味程度中或浓，果肉质地中或较脆，硬度中等，风味酸甜；可溶性固形物含量 17.20%，可滴定酸含量 0.50%；有种子，种子数 2~3 粒。在北京市 4 月中下旬萌芽，5 月下旬开花，8 月下旬果实成熟，从萌芽至浆果成熟需要 120 d 左右，属于中熟品种。

适种地区：适宜华北、华东、西南地区设施内以及西北地区露地栽培。

合作方式：技术转让、技术服务。

联系单位：北京市农林科学院林业果树研究所
联 系 人：孙 磊　联系电话：13810276707
通信地址：北京市海淀区香山瑞王坟甲 12 号　100093
电子邮箱：sunlei@baafs.net.cn

6 葡萄'瑞都红玫'

选育单位：北京市农林科学院林业果树研究所

品种特性：果穗圆锥形，有副穗，单歧肩较多，穗长 20.8 cm，宽13.5 cm，平均单穗重 430.0 g，穗梗长 4.5 cm；果粒着生密度中或紧，果粒椭圆形或圆形，长 25.0 mm 或22.2 mm，平均单粒重 6.6 g，最大单粒重 9 g，果粒大小较整齐一致；果皮紫红或红紫色，色泽较一致，果皮薄至中等厚，果粉中，果皮较脆，无或稍有涩味；果肉有中等程度的玫瑰香味，果肉质地较脆、硬度中、酸甜多汁，肉无色；果梗长 1.0 cm，果梗抗拉力中等，横断面为圆形；可溶性固形物含量为 18.2%；大多有 1~2 粒种子，个别为3~4 粒。在北京市一般 4 月中下旬萌芽，5 月下旬开花，8 月中旬或下旬果实成熟。新梢 8 月中下旬开始成熟。从萌芽至果实成熟生长发育期约为 120 d，属中熟品种。

适种地区：适宜在华北、华东、西南地区设施内以及西北地区露地种植。

合作方式：技术转让、技术服务。

联系单位：北京市农林科学院林业果树研究所
联 系 人：孙 磊 联系电话：13810276707
通信地址：北京市海淀区香山瑞王坟甲 12 号 100093
电子邮箱：sunlei@baafs.net.cn

四、食用菌

1 食用菌'香菇京科1号'

选育单位: 北京市农林科学院植物保护研究所

品种特性: 该品种可在高温环境下出菇,农艺性状优于亲本'香菇高温8号'和'香菇扣香'。其菌丝最适生长温度为18~28 ℃,最适 pH 值5.5。子实体单生,菌盖颜色为浅褐色,菇形圆整,朵型为中大,在 30~34 ℃高温环境下能够正常出菇。四潮菇单袋产量达到 610.96 g,极显著高于 2 个亲本菌株,比'香菇扣香'的产量提高 25.48%,比'香菇高温8号'的产量提高 28.47%。每 100 g 鲜品碳水化合物含量达 6.30 g,必需氨基酸含量达2.47 g。

适种地区: 北方反季节香菇生产区。

合作方式: 技术许可。

联系单位: 北京市农林科学院植物保护研究所
联 系 人: 宋 爽　　联系电话: 010-51503432
通信地址: 北京市海淀区曙光花园中路 9 号　100097
电子邮箱: songshuang1025@163.com

2 食用菌'榆黄菇'

选育单位： 北京市农林科学院植物保护研究所

品种特性： 该品种是应用系统选育技术筛选出的食用菌优良品种，子实体丛生，菌盖圆整，菇体金黄，为广温型品种，适宜的栽培原料为玉米芯、棉籽壳等，可采收3~4潮菇，生物学效率达80%，观赏价值高。北京市可安排在设施周年栽培。

适种地区： 北京市及周边。

联系单位：北京市农林科学院植物保护研究所

联 系 人：宋 爽　　联系电话：010-51503432

通信地址：北京市海淀区曙光花园中路9号　100097

电子邮箱：songshuang1025@163.com

五、花草

1 毛芒乱子草'粉黛'

选育单位：北京市农林科学院草业花卉与景观生态研究所

品种特性：良种编号为京 S-SV-MC-047-2016，多年生（北京市作一年生应用），植株丛生。株高 100~110 cm，冠幅 55~70 cm，叶色碧绿，叶片线形。单株花序数 26~30 个，长 40~55 cm，花序开展，突出于叶丛之上，呈粉紫色，如云雾状，8 月底初花，花期可持续至 11 月。喜光，耐贫瘠、耐旱。适宜片植、丛植、条植、孤植，或与其他植物配置，应用于公园、绿地、花坛、花境；也可以作为盆栽装饰与观赏，或作为干花材料应用。

适种地区：北京市及周边。

联系单位：北京市农林科学院草业花卉与景观生态研究所
联 系 人：温海峰　　联系电话：13001911715
通信地址：北京市海淀区曙光花园中路 9 号　100097
电子邮箱：whf9322@sohu.com

2 柳枝稷'蓝姬'

选育单位: 北京市农林科学院草业花卉与景观生态研究所

品种特性: 良种编号为京 S-SC-PV-022-2017，多年生草本，植株丛生。植株高度 168~175 cm，冠幅 105~110 cm，叶长 40~60 cm，叶宽 9~15 mm。圆锥花序黄绿色，单株花序数 60~70 个，花序长 47~54 cm、宽 31~45 cm。花期 7—8 月。植株株型紧凑，茎秆和叶片呈灰蓝色，景观效果优美。喜光，耐旱。适宜孤植、条植或与其他植物组合配置，可应用于观光园区、郊野公园、道旁、庭院或城市绿地等。适用于低维护、节约型园林绿化。

适种地区: 北京市及周边。

联系单位: 北京市农林科学院草业花卉与景观生态研究所
联 系 人: 温海峰   联系电话: 13001911715
通信地址: 北京市海淀区曙光花园中路 9 号   100097
电子邮箱: whf9322@sohu.com

3 狼尾草'丽秋'

选育单位：北京市农林科学院草业花卉与景观生态研究所

品种特性：良种编号为京 S-BV-PA-007-2021，禾本科多年生草本植物，暖季型，植株丛生。植株高度 101~117 cm，冠幅 92~125 cm。叶丛浓密，呈深绿色，叶长 80 cm 左右，叶宽 12 mm 左右。穗状圆锥花序白玉色，花序长 20 cm 左右，单株花序数 80~124 个。7 月下旬至 8 月初初花，8 月中旬至下旬进入盛花，枯黄期为 10 月下旬至 11 月初，绿色期 200 d 左右。适用于园林绿化，可作花坛、花境材料，也可用于荒山坡地的生态修复或景观营造。

适种地区：我国华中、华北地区。

联系单位：北京市农林科学院草业花卉与景观生态研究所
联 系 人：温海峰　　联系电话：13001911715
通信地址：北京市海淀区曙光花园中路 9 号　100097
电子邮箱：whf9322@sohu.com

4 知风草 '盈逸'

选育单位：北京市农林科学院草业花卉与景观生态研究所

品种特性：良种编号为京 S-SC-EF-023-2017，多年生草本，植株丛生。株高 105~110 cm，冠幅 110~120 cm，叶长 40~50 cm，单株花序数 60~80 个，花序长 28~32 cm。开放型，圆锥花序棕红色，大而开展，轻盈飘逸，颇具朦胧感。最佳观赏期 9—10 月。喜光，耐贫瘠、耐旱。适宜孤植、片植或与其他植物组合配置，可应用于观光园区、郊野公园、道旁、庭院或城市绿地等。适用于低维护、节约型园林绿化。

适种地区：北京市及周边。

联系单位：北京市农林科学院草业花卉与景观生态研究所
联 系 人：温海峰　　联系电话：13001911715
通信地址：北京市海淀区曙光花园中路 9 号　　100097
电子邮箱：whf9322@sohu.com

5 切花菊'京科粉'

选育单位：北京市农林科学院草业花卉与景观生态研究所

品种特性：植株长势旺盛，直立性好，抗逆性强。花平瓣、重瓣微露心，花型紧凑；花粉红色（N74C，英国皇家园艺学会比色卡第 6 版），颜色稳定，色彩亮丽，观赏性佳；花径约 4.6 cm，每枝花朵 5~7 个，适于用作多头切花菊。在北京市自然花期为 10 月底，光响应周期 7~7.5 周，易于调控花期，可周年生产使用。

适种地区：全国各地保护地种植。

合作方式：技术转让、技术许可。

联系单位：北京市农林科学院草业花卉与景观生态研究所

联 系 人：黄丛林　　联系电话：13910285037

通信地址：北京市海淀区曙光花园中路 9 号　　100097

电子邮箱：conglinh@126.com

6 切花菊 '京科芙妮'

选育单位: 北京市农林科学院草业花卉与景观生态研究所

品种特性: 植株直立性强,长势旺盛,抗逆性强;平瓣花 2~3 轮,花粉色(55A-55B,英国皇家园艺学会比色卡第 6 版),色彩纯正、颜色亮丽;花径约 5.15 cm,每枝花头数可达 7~12 朵,适于用作多头切花菊;北京市自然花期为 10 月底,光响应期 7~7.5 周,易于调控花期,可周年生产使用。

适种地区: 全国各地保护地种植。

合作方式: 技术转让、技术许可。

联系单位: 北京市农林科学院草业花卉与景观生态研究所
联 系 人: 黄丛林　联系电话: 13910285037
通信地址: 北京市海淀区曙光花园中路 9 号　100097
电子邮箱: conglinh@126.com

7 切花菊 '京科海霞'

选育单位: 北京市农林科学院草业花卉与景观生态研究所

品种特性: 植株生长势旺盛，直立性强，抗逆性佳，尤其对白色锈病具有较好抗性。花平瓣，半重瓣，外轮舌状花粉色（69D，英国皇家园艺学会比色卡第 6 版），内轮花紫红色（64B，英国皇家园艺学会比色卡第 6 版），花心绿色，花型周正，花色亮丽；花径约 3.28 cm，每枝花可达 9~12 朵，适于用作多头切花菊。在北京市自然花期为 10 月底，光响应周期为 7~7.5 周，易于调控花期，可周年生产使用。

适种地区: 全国各地保护地种植。

合作方式: 技术转让、技术许可。

联系单位：北京市农林科学院草业花卉与景观生态研究所
联 系 人：黄丛林　　联系电话：13910285037
通信地址：北京市海淀区曙光花园中路 9 号　100097
电子邮箱：conglinh@126.com

8 切花菊 '京科清心'

选育单位: 北京市农林科学院草业花卉与景观生态研究所

品种特性: 植株长势旺盛，直立性强，抗逆性好，尤其对白色锈病具有较高抵抗能力。花色清秀亮丽，整体呈浅粉色，外轮花瓣淡粉色（75D，英国皇家园艺学会比色卡第6版），且花瓣上部边缘颜色略深，内轮花淡黄绿色（150D，英国皇家园艺学会比色卡第6版），花色清新，观赏性佳；花径约 4.04 cm，每枝花可达 7~9 朵，可用作多头切花菊。北京市自然花期为 10 月底，光响应期 7.5 周左右，易于调控花期，可周年生产使用。

适种地区: 全国各地保护地种植。

合作方式: 技术转让、技术许可。

联系单位: 北京市农林科学院草业花卉与景观生态研究所

联 系 人: 黄丛林　联系电话: 13910285037

通信地址: 北京市海淀区曙光花园中路 9 号　100097

电子邮箱: conglinh@126.com

9 切花菊'京科夕阳红'

选育单位：北京市农林科学院草业花卉与景观生态研究所

品种特性：植株长势旺盛，直立性强。花平瓣，2~3轮，花基部深红色（46A，英国皇家园艺学会比色卡第6版），上部金黄色（5A，英国皇家园艺学会比色卡第6版），花色稳定；花径约4.8 cm，每枝花头可达7~9朵，适于用作多头切花菊。北京市自然花期为10月中下旬，光响应期7~7.5周，易于调控花期，可周年生产使用。

适种地区：全国各地保护地种植。

合作方式：技术转让、技术许可。

联系单位：北京市农林科学院草业花卉与景观生态研究所

联 系 人：黄丛林　　联系电话：13910285037

通信地址：北京市海淀区曙光花园中路9号　100097

电子邮箱：conglinh@126.com

10 切花菊'京科喜丰收'

选育单位: 北京市农林科学院草业花卉与景观生态研究所

品种特性: 植株直立性强,抗逆性好,尤其对白色锈病具有较高抵抗能力。花瓣单轮、复色,金黄色(6B,英国皇家园艺学会比色卡第6版),花瓣上面分布有深红色(N45B,英国皇家园艺学会比色卡第6版)条状斑点,花色亮丽;花径约2.94 cm,每枝花头7~9朵,适于用作多头切花菊。北京市自然花期为10月底,光响应期7~7.5周,易于调控花期,可周年生产使用。

适种地区: 全国各地保护地种植。

合作方式: 技术转让、技术许可。

联系单位: 北京市农林科学院草业花卉与景观生态研究所

联 系 人: 黄丛林　　联系电话:13910285037

通信地址: 北京市海淀区曙光花园中路9号　100097

电子邮箱: conglinh@126.com

11 切花菊'京科晓菲'

选育单位：北京市农林科学院草业花卉与景观生态研究所

品种特性：植株长势旺盛，直立性强，抗逆性佳，尤其对白色锈病具有较高抵抗能力。花平瓣、重瓣微露心，外轮花为粉色（69D，英国皇家园艺学会比色卡第6版），内轮花紫色（59C，英国皇家园艺学会比色卡第6版），颜色亮丽；花径约3.24 cm，每枝花7~9朵，适于用作多头切花菊。北京市自然花期为10月底，光响应期7.5周，易于调控花期，可周年生产使用。

适种地区：全国各地保护地种植。

合作方式：技术转让、技术许可。

联系单位：北京市农林科学院草业花卉与景观生态研究所
联系人：黄丛林　　联系电话：13910285037
通信地址：北京市海淀区曙光花园中路9号　100097
电子邮箱：conglinh@126.com

12 切花菊 '京科雪莲粉'

选育单位：北京市农林科学院草业花卉与景观生态研究所

品种特性：植株长势旺盛，直立性强，抗逆性好。舌状花匙瓣，2~3轮，整体呈杯状。花朵粉色（55A-C，英国皇家园艺学会比色卡第6版），花径约5.3 cm，每枝花可达7~9朵，适于用作多头切花菊。北京市自然花期为10月底，光响应周期7~7.5周，易于调控花期，可周年生产使用。

适种地区：全国各地保护地种植。

合作方式：技术转让、技术许可。

联系单位：北京市农林科学院草业花卉与景观生态研究所
联 系 人：黄丛林　　联系电话：13910285037
通信地址：北京市海淀区曙光花园中路9号　100097
电子邮箱：conglinh@126.com

13 切花菊'京科波斯'

选育单位：北京市农林科学院草业花卉与景观生态研究所

品种特性：植株长势旺，直立性好，抗逆性强，尤其对白色锈病具有较高的抵抗能力。花匙瓣，轮数多、花瓣密，内轮瓣内卷抱心，最外轮花淡紫色（63A，英国皇家园艺学会比色卡第6版），内轮花嫩黄绿色（11B，英国皇家园艺学会比色卡第6版），颜色清秀。花径约 4.86 cm，每枝花头 7~12 朵，适于用作多头切花菊。北京市自然花期为 10 月底，光响应期 7~7.5 周，易于调控花期，可周年生产使用。

适种地区：全国各地保护地种植。

合作方式：技术转让、技术许可。

联系单位：北京市农林科学院草业花卉与景观生态研究所
联 系 人：黄丛林　联系电话：13910285037
通信地址：北京市海淀区曙光花园中路 9 号　100097
电子邮箱：conglinh@126.com

14 切花菊"京科鲑鱼"

选育单位：北京市农林科学院草业花卉与景观生态研究所

品种特性：植株长势旺，直立性好，抗逆性强。花平瓣，重瓣微露心，花型周正，花纯粉色（69A，英国皇家园艺学会比色卡第6版），色彩纯正、颜色亮丽，观赏性佳。花径约3.46 cm，每枝花头7~9朵，适于用作多头切花菊。北京市自然花期为10月底，光响应期7~7.5周，易于调控花期，可周年生产使用。

适种地区：全国各地保护地种植。

合作方式：技术转让、技术许可。

联系单位：北京市农林科学院草业花卉与景观生态研究所
联 系 人：黄丛林　联系电话：13910285037
通信地址：北京市海淀区曙光花园中路9号　100097
电子邮箱：conglinh@126.com

15 切花菊'京科精灵'

选育单位: 北京市农林科学院草业花卉与景观生态研究所

品种特性: 植株直立性强,长势旺盛,抗逆性好,尤其对白色锈病抵抗能力较强。花匙瓣,重瓣,浅白色微发黄(4C,英国皇家园艺学会比色卡第6版)。花开放初期,外轮花微外翻,内轮花则内卷抱心;开放中后期,花瓣卷曲呈飞舞状,花形新奇,色彩亮丽,观赏价值佳。花径约7.5 cm,每枝花头 7~9 朵,适于用作多头切花菊。北京市自然花期为 10 月中下旬,光响应周期为 7 周左右,易于调控花期,可周年生产使用。

适种地区: 全国各地保护地种植。

合作方式: 技术转让、技术许可。

联系单位: 北京市农林科学院草业花卉与景观生态研究所

联 系 人: 黄丛林　联系电话: 13910285037

通信地址: 北京市海淀区曙光花园中路 9 号　100097

电子邮箱: conglinh@126.com

16 切花菊'京科卡斯特'

选育单位： 北京市农林科学院草业花卉与景观生态研究所

品种特性： 植株长势旺盛，直立性强，抗逆性佳，尤其对白色锈病具有较高抵抗能力。花瓣管状，1~2轮，花径约4.8 cm，花粉色（62C，英国皇家园艺学会比色卡第6版），颜色亮丽。分枝能力较强，每枝花头可达12~15朵，适于用作多头切花菊。北京市自然花期为11月初，光响应期8周左右，可周年生产使用。

适种地区： 全国各地保护地种植。

合作方式： 技术转让、技术许可。

联系单位：北京市农林科学院草业花卉与景观生态研究所

联 系 人：黄丛林　　联系电话：13910285037

通信地址：北京市海淀区曙光花园中路9号　　100097

电子邮箱：conglinh@126.com

六、畜牧水产

1 杂交鲟'京龙1号'

选育单位：北京市农林科学院水产科学研究所、北京鲟龙种业有限公司

品种特性：该品种采用 1999—2004 年从欧洲引进的受精卵及鱼苗，以生长优势为目标，经过二代群体选育的西伯利亚鲟为母本；采用 1998—2002 年从黑龙江捕获的野生亲鱼人工繁殖苗种，以生长优势为目标，经过二代群体选育的施氏鲟为父本。通过人工杂交获得的杂交一代，即杂交鲟'京龙1号'。在相同养殖条件下，该品种具有生长速度快的优势，1 龄鱼生长速度分别比'西伯利亚鲟'和'施氏鲟'快 25% 和 27%。杂交鲟'京龙1号'适宜在我国各地淡水池塘、工厂化养殖车

间等人工可控淡水水域中进行养殖。

适养地区：该品种适宜在我国各地淡水流水、微流水池塘及工厂化养殖车间等人工可控水域养殖。禁止天然水域网箱养殖，防止其直接逃逸到自然水域。

合作方式：技术服务。

联系单位：北京市农林科学院水产科学研究所
联 系 人：胡红霞　　联系电话：010-67583152
通信地址：北京市丰台区角门路18号　100068
电子邮箱：huhongxiazh@163.com

2 北京油鸡

选育单位：北京市农林科学院畜牧兽医研究所
品种特性：北京油鸡原产于京郊，是我国珍贵的肉蛋兼用

型地方鸡种，2001 年被农业部列为国家畜禽品种资源重点保护品种。

商品鸡 110~120 日龄上市，平均体重 1.5 kg。鸡肉品质优异，味道鲜美，鸡肉中游离氨基酸和肌内脂肪含量丰富。14 周龄胸肌肌肉中游离氨基酸含量 6.4 mg/L，肌内脂肪 1.1%，其中不饱和脂肪酸占 59.7%，必需脂肪酸占 19.8%，有益于人体健康。

北京油鸡母鸡 150 日龄左右开产，年产蛋 160~180 枚。蛋壳粉褐色，大小适中，平均每个鸡蛋 50.2 g；蛋黄个儿大，占比 30%；蛋白品质优良，蛋白浓稠，哈氏单位 74.8，属于 AA 级；蛋形规则，蛋形指数为 1.34。全蛋中干物质、粗脂肪和粗蛋白含量较高，分别达到 23.4%、9.0% 和 11.2%；全蛋中卵磷脂含量 2.25%，高于普通鸡蛋 30% 以上。

适应各种养殖方式，既可地面平养，也可网上平养或笼养；既可林地和果园规模放养，也可农户小规模庭院饲养。

适养地区：适应南北各地的气候（南方湿热地区适应性稍差）。

联系单位：北京市农林科学院畜牧兽医研究所
联 系 人：刘华贵　联系电话：010 - 51503860
通信地址：北京市海淀区曙光花园中路 9 号　100097
电子邮箱：13601351244@163.com

New
techniques
新技术

一、优质高效生产技术

1 安心韭菜水培技术

技术来源：北京市农林科学院蔬菜研究所

技术简介：安心韭菜生产栽培技术主要分为架式栽培、漂浮栽培，均采用营养液水培，主要包括催芽系统、栽培槽（漂浮板）系统、循环系统、营养液管理系统。该技术通过将韭菜栽培在营养液中，彻底阻断了韭蛆的生长环境，从根本上解决了韭蛆的危害。播种时使用特制的格板（漂浮板），将种子播种在播种纸和覆盖纸间，上面覆盖珍珠岩，催芽后放入栽培槽（漂浮池）中，生产过程中营养液循环利用，不对外排放。韭菜中没有杂草，收获后的韭菜干净卫生，生产过程中没有韭蛆的危害，具有节水节肥、安全高效的特点。该技术还包含了韭

菜专用营养液配方和生产管理技术。该技术生产的韭菜每年可采收 6~8 次。

适用范围：设施农业。

经济、生态及社会效益情况：该技术有效解决了韭蛆危害的问题，不再需要使用农药进行韭蛆的防治，极大减少了农药的使用，具有生态环保的特点。采用珍珠岩作为覆盖基质，解决了杂草的问题，减少了韭菜生产劳动力的成本。生产的产品净菜率高，干净卫生，商品性好。营养液循环利用，节水节肥。

联系单位：北京市农林科学院蔬菜研究所
联 系 人：武占会　　联系电话：010-51503553
通信地址：北京市海淀区彰化路 50 号　100097
电子邮箱：wuzhanhui@nercv.org

2 番茄高糖限根栽培技术

技术来源：北京市农林科学院蔬菜研究所

技术简介：该技术利用封闭式无机基质槽培的限根特点，实现了基质栽培，克服了土壤栽培控水困难的问题。通过亏缺灌溉调控技术对亏缺时期、亏缺水平、亏缺程度的精确调控，将番茄可溶性糖含量提高到 8%~10%，风味浓郁，水肥投入减少，实现了节水节肥生产和优质高效栽培，建立了番茄高糖限根栽培模式。集成营养液调控、复水灌溉和高密度栽培技术，在结果期调控营养液中 K、P、Zn、Ca 等元素的浓度和比例，调整灌溉频次，通过精准的周期性亏缺复水灌溉营养液管

理，实现高糖番茄商品率稳定在 70%~80%，解决了土壤栽培可溶性糖含量 8% 以上果实商品率低的技术瓶颈；利用亏缺灌溉减小植株冠层的有利条件，将栽培密度提高了 20%~30%，减少了产量损失，是产量、品质兼顾的优质栽培模式。

适用范围：设施无土栽培。

经济、生态及社会效益情况：番茄等果菜的品质和口感得到提升，综合品质提高 40%，提高了产品的价值；同时可实现节水 50% 以上，营养液不对外排放，是生态环保的农业生产技术。

合作方式：技术许可、技术服务。

联系单位：北京市农林科学院蔬菜研究所
联 系 人：季延海　联系电话：010-51503003
通信地址：北京市海淀区彰化路 50 号　100097
电子邮箱：jiyanhai@nercv.org

3 菊科菊属、向日葵属及其近缘属植物纳米磁珠介导花粉转化技术

技术来源： 北京市农林科学院草业花卉与景观生态研究所

技术简介： 利用纳米磁珠将载体导入植物花粉，利用转化花粉授粉，收集种子筛选阳性后代，实现转基因。

适用范围： 菊科菊属、向日葵属及近缘属种。

经济、生态及社会效益情况： 建立了稳定、高效的转化技术，为基因工程育种提供了有力武器。

合作方式： 孵化开发、技术转让、技术服务。

联系单位：北京市农林科学院草业花卉与景观生态研究所

联 系 人：黄丛林　　联系电话：13910285037

通信地址：北京市海淀区曙光花园中路 9 号　　100097

电子邮箱：conglinh@126.com

4 雄蕊败育系创制技术

技术来源：北京农业生物技术研究中心

技术简介：利用 TCP 类蛋白抑制雄蕊发育的功能，设计植物过表达载体导入目标株系，创制雄蕊败育系。

适用范围：菊科菊属、向日葵属及近缘属种。

经济、生态及社会效益情况：建立了稳定、高效的转化技术，为基因工程育种提供了有力武器。

合作方式：孵化开发、技术转让、技术服务。

联系单位：北京市农林科学院草业花卉与景观生态研究所
联 系 人：黄丛林　　联系电话：13910285037
通信地址：北京市海淀区曙光花园中路 9 号　　100097
电子邮箱：conglinh@126.com

5 '黑枝'玫瑰纯露投料比和蒸馏时间的确定方法

技术来源：北京市农林科学院草业花卉与景观生态研究所

技术简介：该技术确定了一种'黑枝'玫瑰纯露投料比和蒸馏时间的方法：首先采取'黑枝'玫瑰花瓣样品，腌渍并置于冷库储存，设计不同的料液比、不同的蒸馏时间，分别收集纯露作为样品备用；其次进行 HS-SPME 取样和 GC-MS 分析，得到花瓣中各

种香气成分的相对含量；最后进行数据处理与分析，确定最佳的料液比和蒸馏时间。通过对不同投料比和不同蒸馏时间提取的玫瑰纯露物质成分进行分析，探讨导致玫瑰纯露香气成分差异的诱因，为玫瑰纯露最适宜蒸馏方案的确定提供理论依据，获得国家发明专利证书。

适用范围：玫瑰纯露的提取。

经济、生态及社会效益情况：在工厂化生产中，'黑枝'玫瑰纯露高效蒸馏方案的确定对玫瑰花瓣中挥发性有机化合物的合理加工具有指导意义。

联系单位：北京市农林科学院草业花卉与景观生态研究所
联 系 人：黄丛林　　联系电话：13910285037
通信地址：北京市海淀区曙光花园中路 9 号　100097
电子邮箱：conglinh@126.com

6 '大马士革'蔷薇纯露投料比和蒸馏时间的确定方法

技术来源：北京市农林科学院草业花卉与景观生态研究所

技术简介：该技术确定了一种'大马士革'蔷薇纯露投料比和蒸馏时间的方法：首先是采取'大马士革'蔷薇花瓣样品，腌渍并置于冷库储存；其次称取不同重量的花瓣置于蒸馏罐中分别进行共水蒸馏，沸腾后分次收集纯露，即设计不同的料液比、不同的蒸馏时间，分别收集纯露作为样品备用；再次是 HS-SPME 取样和 GC-MS 分析，求得花瓣中各香气成分的相对含量；最后进行数据处理与分析。通过对不同投料比和不同蒸馏时间提取的蔷薇纯露物质成分进行分析，探讨导致纯露香气成分差异的诱因，为蔷薇纯露最适宜蒸馏方案的确定提供理论依据，获得国家发明专利证书。

适用范围：'大马士革'及其他蔷薇纯露的分析与确定。

经济、生态及社会效益情况：纯露成分天然纯净，香味清新怡人，具有抗过敏、消炎、抗菌等作用。在工厂化应用中，纯露高效蒸馏方案对花瓣中挥发性有机化合物的合理加工及生产具有指导意义。

联系单位：北京市农林科学院草业花卉与景观生态研究所
联 系 人：黄丛林　联系电话：13910285037
通信地址：北京市海淀区曙光花园中路9号　100097
电子邮箱：conglinh@126.com

7　一种提高草莓植株抗旱能力的方法

技术来源：北京市农林科学院林业果树研究所
技术简介：克隆拟南芥生长素合成相关基因 *rty*，并构建

植物表达载体 pBI121-rty，通过农杆菌介导的叶盘法将 *rty* 基因导入草莓中。采用分子手段对转化植株进行鉴定，从而获得基因改良后的草莓植株。由于草莓基因组整合 *rty* 后能够使草莓体内内源生长素增加，导致其能够产生大量的毛状根，尤其是根数和根长显著增加。同时，*rty* 也能够增加植物体内的内源激素脱落酸（ABA），增加的内源 ABA 能够关闭气孔和减少蒸腾，使得土壤水分保持得更多，减小叶片的水分损失和电解质渗漏率，提升叶片水分利用效率，最终表现为植株抗旱性增加，适应了干旱环境条件。

适用范围： 经专利权人许可或授权后的任何单位或者个人。

经济、生态及社会效益情况： 在水资源匮乏的干旱地区选择种植抗旱性强的草莓品种，在节约水资源、增加农民收入等方面具有重要意义和应用前景。

合作方式： 技术转让、技术许可、技术服务。

联系单位：北京市农林科学院林业果树研究所
联 系 人：金万梅　　联系电话：010-62859105
通信地址：北京市海淀区香山瑞王坟甲 12 号　100093
电子邮箱：jwm0809@163.com

8　一种山楂果肉的脱除方法

技术来源： 北京市农林科学院林业果树研究所
技术简介： 针对山楂种子育苗过程中，果肉脱除费时费工、效率低下等问题，发明了一种快速脱除山楂果肉的方法，

先使用化学方法软化果肉，再结合物理方法去除果肉，整个过程快速、高效、省工。

适用范围：适用于山楂果肉的脱除，也适用于其他果核坚硬的果品脱除果肉，如枣等。

经济、生态及社会效益情况：省工、省时，高效、便利，为硬核果品脱除果肉提供了简便方法。

合作方式：技术转让、技术许可、技术服务。

联系单位：北京市农林科学院林业果树研究所
联 系 人：董宁光　　联系电话：13521916702
通信地址：北京市海淀区香山瑞王坟甲 12 号　100093
电子邮箱：dongng@sina.com

9 与月季红色花瓣相关的 Indel 标记及鉴定月季红色花瓣的分子方法

技术来源：北京市农林科学院林业果树研究所

技术简介：使用植物基因组 DNA 提取试剂盒提取不同花瓣颜色月季品种叶片的基因组 DNA，以提取的基因组 DNA 为模板，使用设计的 Indel 标记上、下游引物进行 PCR 扩增，将扩增后的产物在 0.75% 琼脂糖胶上进行电泳检测，根据跑胶结果即可判断花瓣颜色。当月季中带有该 Indel 标记条带时该月季品种为红色月季，若月季中没有该 Indel 标记条带时即为非红色月季。通过此方法，在月季生长的早期如苗期通过叶片材料就可以鉴定月季花瓣是否为红色，可以大量节省育种时间，降低育种时间成本和经济成本。

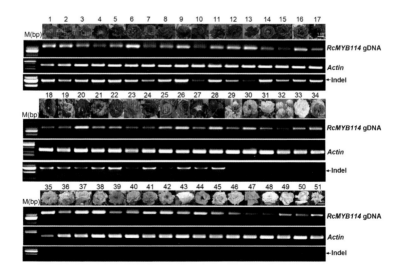

适用范围：经专利权人许可或授权后的任何单位或者个人。

经济、生态及社会效益情况：月季是重要的观赏植物，具有经济、生态及社会效益。月季种植、销售、设计等环节都涉及很多的经济活动及需要大量的人力、物力，因此月季产业不仅能够增收，还可以创造大量的就业机会。在苗期或花期之前利用分子标记来快速区分红色和非红色花瓣，可以为月季花色分子辅助育种提供服务，大量节省育种时间，降低育种的时间成本和经济成本。

合作方式：技术转让、技术许可、技术服务。

联系单位：北京市农林科学院林业果树研究所
联 系 人：金万梅　　联系电话：010-62859105
通信地址：北京市海淀区香山瑞王坟甲 12 号　　100093
电子邮箱：jwm0809@163.com

10 低维护苔草新品种应用技术

技术来源：北京市农林科学院草业花卉与景观生态研究所

技术简介：针对我国北方地区水资源严重短缺、城乡绿化中外引草种耗水量高且适应性差、乡土苔草耗水量低且适应性好，但优良品种和配套技术严重缺乏的现状，对我国北方地区的乡土苔草资源进行了系统收集、评价，筛选出耐荫、节水的优良种质，培育出通过国家或北京市审（认）定的'四季'青绿苔草、'秀发'披针叶苔草、'绿秀'横果苔草和'长青'矮丛苔草 4 个苔草新品种，并获得发明专利、地方标准等知识产

权，攻克了苔草种子休眠难题，集成苔草种子高产、容器苗繁育、无土基质草皮草毯生产等核心技术，实现了苔草高效繁育及低成本建植、管护，推动了产业发展。

适用范围：我国北方地区。

经济、生态及社会效益情况：目前已累计在园林绿化和生态治理中推广优良乡土草种 10 亿株，种植面积超过 1 亿 m^2，种苗产值超过 10 亿元，相比引进冷季型草坪草节约用水 4000 万 m^3，节约管护成本约 3 亿元以上，经济、社会和生态效益显著。

联系单位：北京市农林科学院草业花卉与景观生态研究所
联 系 人：温海峰　　联系电话：13001911715
通信地址：北京市海淀区曙光花园中路 9 号　100097
电子邮箱：whf9322@sohu.com

11 母猪定时输精与批次化生产技术

技术来源：北京市农林科学院畜牧兽医研究所

技术简介：针对我国规模化猪场母猪繁殖水平低下与生物安全防控难的双重压力，为真正实现高效安全的"全进全出"养殖生产体系，以调控母猪批次化繁殖为目标，创建了利用全数字可视化的母猪卵泡检测与排卵评价方法，揭示了定数输精的卵泡发育和排卵规律，研发了适合国内规模猪场生产和管理的母猪两点查情定时输精与发情促排定时输精新技术，较国外常用的定时输精程序显著提高了批次母猪分娩率。通过定时输精技术、低剂量深部输精技术、妊娠与分娩调控技术集成，实现了母猪高效繁殖生产同步化，并建立适合不同规模条件下多种繁殖节律的批次化生产流程，提升了猪场生产管理与生物安全水平。

适用范围：规模化猪场。

经济、生态及社会效益情况：该技术可大幅提升批次母猪配种分娩率和窝产仔数，提高猪场经济效益。同时批次化生产还可以提高猪场生物安全防控水平，为猪场的精准营养、精准

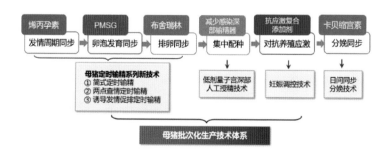

免疫创造条件。

合作方式：技术服务。

联系单位：北京市农林科学院畜牧兽医研究所
联 系 人：刘 彦 联系电话：010-51503450
通信地址：北京市海淀区曙光花园中路 9 号 100097
电子邮箱：liuyanxms@126.com

12 纳米磁珠介导的不依赖基因型的玉米新型高效转化体系

技术来源：北京市农林科学院生物技术研究所

技术简介：借助纳米磁珠将外源基因通过花粉萌发孔导入玉米花粉，然后经人工授粉和自然结实过程，将外源基因转入多种玉米自交系中，成功解决了玉米遗传转化过程中"依赖组培体系，严重受基因型限制"的瓶颈问题。同时探明了维持花粉活力和花粉萌发孔打开的最佳条件，达到了国际先进、国内领先的水平。已获得 3 项发明专利（专利号：ZL201910623296.5、ZL202210532986.1 和 ZL202111418727.8）。

适用范围：玉米、百合、菊花、向日葵等花粉量大的植物。

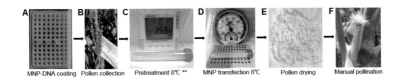

A MNP-DNA coating B Pollen collection C Pretreatment 8℃ ** D MNP transfection 8℃ E Pollen drying F Manual pollination

经济、生态及社会效益情况： 已经与国内大型生物育种企业合作，完成成果转化 120 万元。

合作方式： 技术许可。

联系单位：北京市农林科学院生物技术研究所

联 系 人：张中保　　联系电话：13811447575

通信地址：北京市海淀区曙光花园中路 9 号　　100097

电子邮箱：zhangzhongbao@babrc.ac.cn

13　室内立体循环水水产养殖技术

技术来源： 北京市农林科学院水产科学研究所

技术简介： 通过重新设计、改良蟹盒结构，优化了循环水形式，提高了养殖系统中养殖废弃物收集、处理和废水过滤的效率，增加了小龙虾、观赏虾、观赏鱼的养殖功能，获得了实用新型专利"一种水生动物养殖盒及含有其的水生动物养殖系统"（专利号：ZL 202221419788.6）；以此为核心，实施了"农村地区庭院式水产养殖关键技术提升与示范"课题，并制定了《室内立体循环水水产养殖操作规程》，最终形成了室内立体循环水水产养殖技术。

适用范围：河蟹、海水蟹、小龙虾、观赏虾、观赏蟹、观赏鱼的超集约化养殖。

经济、生态及社会效益情况：利用室内立体循环水养殖大闸蟹，实现了大闸蟹的错峰上市，提升了议价空间，单位面积年产值 3100 元 /m^2（4 批次 / 年），两年可收回设备成本；实现了观赏蟹的繁育、养殖，脱壳成活率 95% 以上；应用该技术比池塘养殖大闸蟹节水、节地 92% 以上，对解决北方地区缺水缺地条件下农村低收入户增收起到良好助推作用。

合作方式：孵化开发、技术转让、技术许可、技术服务、作价投资。

联系单位：北京市农林科学院水产科学研究所
联 系 人：李铁梁　　联系电话：010-67588781
通信地址：北京市丰台区角门路 18 号　100068
电子邮箱：litieliang8090@126.com

14 畜禽粪肥精准便捷化施用技术

技术来源：北京市农林科学院植物营养与资源环境研究所

技术简介：基于有机肥氮、磷含量特征，提出采用氮磷比（N/P）来定量有机肥用量，构建了有机肥施用和限量指标计算方法，解决了有机肥施用缺少指标体系的难题。创制了适用于多场景的固液有机肥施用装备和系统，解决了设备不配套、作业效率低、施用不精准的问题，配套适用于山地丘陵、设施农业、密植果园等特殊空间作业的小型撒肥机；联合开发"双斗双控"撒肥机，实现 2 种肥料一次性配合撒施；开发沼液等

液体粪肥水肥一体化轻简智能施用系统，通过电导率动态监测反馈调控施用，实现精准工程化应用。配套"粮替、果蔬减、有机调"等多套施用模式，配套施肥指标体系，实现农机农艺的高效融合。

适用范围： 各类作物有机肥替代化肥应用及利用畜禽粪肥进行土壤培肥的种植区域。

经济、生态及社会效益情况： 通过技术应用，土壤中氮、磷养分更加平衡，土壤培肥效果和土壤质量显著提升；有机肥施用便捷化程度提升，农田施用量更加精准，对于降低农业面源污染风险的生态效益显著。

合作方式： 技术服务。

联系单位：北京市农林科学院植物营养与资源环境研究所
联 系 人：孙钦平　　联系电话：13641398267
通信地址：北京市海淀区曙光花园中路 9 号　　100097
电子邮箱：sunqp@126.com

二、绿色生产技术

1 保护地韭菜有机生产技术规程

技术来源：北京市农林科学院植物保护研究所

技术简介：从品种、栽培、植保、肥水管理等方面制定韭菜有机生产技术规程。品种上，筛选到'顶丰9号''久星18号'等适应京郊不同栽培模式和茬口，适宜北京地区栽种的品种。栽培上，避免选用种过百合科作物的地块，采用基质穴盘诱抗保健育苗，定植后浇透水，及时松土蹲苗，采用滴灌方式，保持土壤见干见湿状态；另外，调控好温湿度，株高 10 cm 以上时，保持白天 16~20℃，超过 24℃放风降温排湿，夜间 8~12℃，相对湿度 60%~70%。植保上，对于灰霉病的控制，采取韭菜产前、产中和产后的全程病害防控技术。肥水管理上，根据韭菜的生长期和土壤肥力，定植前可用沼液、蚯蚓肥、生物有机肥等作为底肥，避免使用椰糠等基质，夏季养根期间控水控肥。

适用范围：适用于北京地区有机韭菜的生产。

经济、生态及社会效益情况：该套技术规程在顺义、通州、延庆、大兴、昌平、平谷等地示范推广100余亩，病虫害防控效果在80%以上，收获的有机韭菜产量稳定、品质好，深受消费者青睐，供不应求，经济效益可以提升50%以上。

联系单位：北京市农林科学院植物保护研究所

联 系 人：刘　梅　　联系电话：010-51503733

通信地址：北京市海淀区曙光花园中路9号　100097

电子邮箱：liumeidmw@163.com

2 环境友好型林下优质草地标准化健康养鸡技术

技术来源：北京市农林科学院草业花卉与景观生态研究所

技术简介：通过多年试验研究与示范，研发出了适宜林间规模种植的优质草种及其高效栽培管理技术，提出了林间优质草地低密度生态放养鸡技术、日粮中添加林地草产品（草粉和鲜草草段）健康养鸡技术，构建了节粮型环境友好型林—草—鸡复合种养模式，提高鸡体免疫能力，调节肠道菌群，改善肉蛋品质，节约精料补饲量；提出了林—草—鸡复合种养模式下鸡粪无害化处理与还田利用技术。成果"林果生草及草地高效利用技术推广应用"获北京市农业技术推广奖二等奖，获北京市农林科学院基地建设奖2项，制定团体标准《人工林下菊苣草地建植技术规程》《林间草地鸡健康养殖技术规程》，获批授权实用新型专利6项，出版著作3部。

适用范围：我国北方农林复合种养殖企业、合作社和集体林场。

经济、生态及社会效益情况：截至目前，在北京市的房山、平谷、顺义、大兴等区的多个种养殖基地示范应用林—草—鸡复合种养模式，培育提升了"喜庆民丰""绿嘟嘟"等北京油鸡优质品牌，科技助力房山区大石窝镇的 1 个基地获批"国家林下经济示范基地""北京市生态农场"。

联系单位：北京市农林科学院草业花卉与景观生态研究所
联 系 人：孟　林　　联系电话：010-51503345
通信地址：北京市海淀区曙光花园中路 9 号　100097
电子邮箱：menglin9599@sina.com

3 障碍土壤综合修复技术

技术来源：北京市农林科学院植物营养与资源环境研究所

技术简介：采用氨水滴灌技术进行障碍土壤的熏蒸处理技术，同时采用功能微生物菌剂进行障碍土壤的生态修复。该技术联合了氨水的化学熏蒸作用和生物菌剂的生态修复作用，实现了障碍土壤的改良。

适用范围：设施及露地障碍土壤。

经济、生态及社会效益情况：降低传统化学熏蒸的成本，起到减肥、减药的作用。

联系单位：北京市农林科学院植物营养与资源环境研究所

联 系 人：邹国元　　联系电话：010-51503998

通信地址：北京市海淀区曙光花园中路 9 号　　100097

电子邮箱：liujianbin1981@126.com

4 次生盐渍化土壤改良与肥力提升技术

技术来源： 北京市农林科学院植物营养与资源环境研究所

技术简介： 基于大田或设施栽培土壤的次生盐渍化，从其发生的原因解析着手，研究构建了基于土壤监测、肥力与盐渍化分级的大田盐碱地土壤改良与肥力提升的农艺模式、设施菜地土壤改良与施肥技术模式，研发了 2 类土壤调理剂，相关产品已获得 2 项国家发明专利、申报发明专利 1 项。

适用范围： 大田、果园、设施菜地等农地土壤质量的监测与评价，盐渍化土壤改良与质量提升，作物平衡施肥等。

经济、生态及社会效益情况： 技术已普遍运用在土壤健康 / 质量检测，大田作物与蔬菜、果树的营养诊断与土壤改良等领域。例如，国际知名企业百事食品（中国）有限公司种植

马铃薯的选地与种植、育种公司利马格兰等育种基地盐碱化的土壤改良、京郊农田的营养诊断与测土施肥技术等，已累计推广面积超过 500 亩，提高农作物产量 10% 以上，降低肥料投入 15% 以上，有效改良了土壤，取得了可观的经济、社会与生态效益。

合作方式： 技术服务。

联系单位：北京市农林科学院植物营养与资源环境研究所
联 系 人：刘善江　　联系电话：010-51503586，13520867110
通信地址：北京市海淀区曙光花园中路 9 号　 100097
电子邮箱：liushanjiang@263.net

5　农林有机废弃物"微环境调控法"快速腐解技术

技术来源： 北京市农林科学院植物营养与资源环境研究所

技术简介： 依托"十三五"农业农村部课题"村镇生活垃圾移动式小型化处理关键技术与装备研发"和北京市农林科学院创新能力建设项目"农用生物质废弃物降解菌群快速启动及发酵参数调控"，创建了"农林有机废弃

物'微环境调控法'快速腐解技术",入选 2022 年中国农业农村十项重大新技术。该成果突破了堆肥微生物快速繁殖的关键核心技术,通过"界面四筑、营养三调、环境两控"的综合调控,提供微生物快速繁殖的营养和生存环境,实现有机物料快速腐解,具有自主知识产权。

适用范围: 农林废弃物肥料化处理。

经济、生态及社会效益情况: 应用前景广泛,对农业农村科技进步具有较大影响,潜在经济、生态及社会效益明显,是推动乡村振兴的重要技术。

合作方式: 技术服务。

联系单位: 北京市农林科学院植物营养与资源环境研究所
联系人: 魏　丹　　联系电话: 16601061626,010-51503585
通信地址: 北京市海淀区曙光花园中路 9 号　100097
电子邮箱: wd2087@163.com

6 有机硅物理防螨新技术

技术来源: 北京市农林科学院植物保护研究所

技术简介: 有机硅防螨技术采用物理封闭的手段,在螨体表面形成药膜，使其窒息而死。室内测定有机硅 Silwet 408 对二斑叶螨若螨和成螨均具有良好的封闭灭杀效果，但对卵无效。在田间使用 1000 mg/L 的有机硅 Silwet 408 喷施植物叶片，4~7 d 后进行第 2 次喷药，可继续杀灭新孵化的若螨，平均施药 4~6 次 / 茬，对二斑叶螨的防治效果超过 97%。

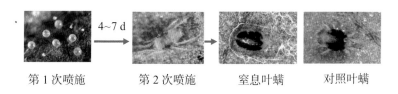

| 第 1 次喷施 | 第 2 次喷施 | 窒息叶螨 | 对照叶螨 |

适用范围： 二斑叶螨的防治。

经济、生态及社会效益情况： 通过物理封闭的措施杀灭螨虫，不同于化学药剂，不仅不会使害虫产生抗药性，并且在使用浓度下对作物不产生药害，具有良好的生态效益；通过前后间隔 4~7 d 的喷药防治，防治效果超过 97%，显著降低了二斑叶螨的危害，在提升作物品质的同时也提升了作物产量，具有良好的经济与社会效益。

合作方式： 技术服务。

联系单位：北京市农林科学院植物保护研究所
联 系 人：魏书军　　联系电话：010-51503439
通信地址：北京市海淀区曙光花园中路 9 号　100097
电子邮箱：shujun268@163.com

7 应用于有机蔬菜鉴别的稳定同位素测定方法

技术来源: 北京市农林科学院质量标准与检测技术研究所

技术简介: 准确、快速地鉴别有机蔬菜的真伪,对于打击假冒伪劣、保护有机农业、引导科学消费具有重要意义。在蔬菜新陈代谢过程中,来源于不同肥料类型化肥(化学合成)或有机肥(天然产物)的氮稳定同位素 ^{15}N 与 ^{14}N 具有不同的同位素丰度特征。据此,通过测定 $\delta^{15}N$ 的丰度相对比值,能够区分氮稳定同位素的来源类型。蔬菜试样经制备后,进入元素分析仪通过燃烧氧化、还原等系列反应转化为氮气,经除杂、除水及分子筛色谱柱分离后,用稳定同位素比值质谱仪测定其 $\delta^{15}N$ 值,并与稳定同位素标准物质比较后得出相对于稳定同位素基准物质大气氮(air-N_2)的 $\delta^{15}N$ 值,并基于现有研究数据对蔬菜样品使用肥料类型进行分析初判。

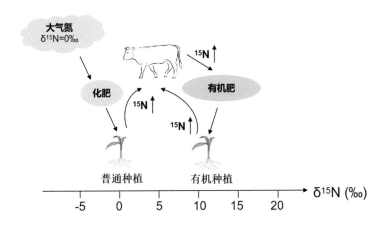

适用范围：有机蔬菜种植、监管和消费。

　　经济、生态及社会效益情况：该技术为有机食品的监管提供了检测支撑，不仅有利于保护消费者的健康利益与经济利益，也有助于维护行业诚信与公信力，推动有机食品产业健康、可持续发展。

　　合作方式：技术转让、技术服务。

联系单位：北京市农林科学院质量标准与检测技术研究所
联　系　人：李　安　　联系电话：13811239270
通信地址：北京市海淀区曙光花园中路 9 号　　100097
电子邮件：lia@iqstt.cn

8　脉冲电场对果蔬货架期与品质影响的技术应用

　　技术来源：北京市农林科学院农产品加工与食品营养研究所

　　技术简介：通过脉冲电场的电压强度、电场频率对果蔬货架期和品质的影响，开发了可调频调幅的高压电场保鲜装置，明显延长大多数果蔬的货架期，同时保持货架期内的果蔬品质，最大限度实现果蔬的采后经济价值。

　　适用范围：此技术适用于绝大多数水果的采后保鲜，如樱桃、草莓、蓝莓、西瓜等；也适用于绝大多数蔬菜，如油菜、香菜、西兰花、番茄等。

　　经济、生态及社会效益情况：脉冲电场技术减少了果蔬的采后损失，实现了延长果蔬货架期的目的；同时，通过保证果蔬的采后品质，实现对果蔬经济价值的维持。

合作方式： 技术服务。

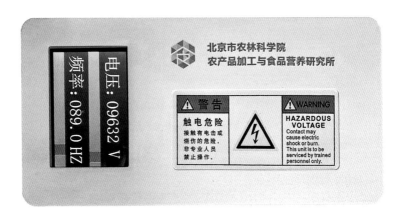

联系单位：北京市农林科学院农产品加工与食品营养研究所

联 系 人：张　超　　联系电话：13718167470

通信地址：北京市海淀区曙光花园中路 11 号　100097

电子邮件：zhangchao@iapn.org.cn

三、智能农业技术

1 农业品牌推广——4D 蛋椅互动体验系统

技术来源： 北京市农林科学院信息技术研究中心

技术简介： 在 3D 体验的基础上增加了物理维度的特效，给受众带来更真实的体验感。将 4D 蛋椅互动体验形式与农业主题知识、农产品品牌故事相结合，带领受众参与并全身心地融入其中。如在百年葡萄树的藤蔓上攀爬，感受葡萄树的古老神奇；在大米的内部世界漫游，探寻米香的由来；跟随肥料颗粒在生产线穿梭，了解肥料的诞生。时而上天入地，时而震

动颠簸，在虚幻仿真、惊心动魄的冒险旅行中，更深刻地了解知识，更深入地认识品牌。

适用范围：农业品牌推广、科普教育、休闲旅游、数字文创等。

经济、生态及社会效益情况：强调内容科学权威性、互动性、趣味性和体验的沉浸感，从而能够更好地服务于现代农业科技展示、农业科普教育（特别是面向青少年的科普教育）和农业生态休闲旅游的发展，应用广泛，经济和社会效益显著。

合作方式：技术服务。

联系单位：北京市农林科学院信息技术研究中心
联 系 人：郭新宇　　联系电话：010-51503422
通信地址：北京市海淀区曙光花园中路 11 号　100097
电子邮箱：guoxy@nercita.org.cn

2 休闲农业品牌宣传——虚拟自行车互动体验技术服务

技术来源：北京市农林科学院信息技术研究中心

技术简介：整合具有自主知识产权的植物三维建模、农业场景生成等技术，与虚拟互动终端有机结合，可以 1∶1 比例实现农产品及其生育过程、生长环境等的三维重建，利用休闲运动（自行车骑行）方式在虚拟场景中漫游，了解农业知识、展示农业科技、宣传农村美景、推销名优特农产品，可广泛应用于农业会展、农产品展销、农产品专卖店、农商超市、农业产业园和休闲农业园等场景。

适用范围：农业品牌推广、科普教育、休闲旅游、数字文创等。

经济、生态及社会效益情况：强调内容科学权威性、互动性、趣味性和体验的沉浸感，从而能够更好地服务于现代农业科技展示、农业科普教育（特别是面向青少年的科普教育）和农业生态休闲旅游的发展，应用广泛，经济和社会效益显著。

合作方式：技术服务。

联系单位：北京市农林科学院信息技术研究中心
联 系 人：郭新宇　　联系电话：010-51503422
通信地址：北京市海淀区曙光花园中路 11 号　　100097
电子邮箱：guoxy@nercita.org.cn

3 农业主题数字互动体验系统
——农业科普馆—体验馆—博物馆—科技馆设计开发

技术来源：北京市农林科学院信息技术研究中心

技术简介：利用植物建模、数字化展示展览、物联网和"互联网＋"技术及理念，整合各类智能交互终端和互联网平台，聚焦动植物生命、农业生产、产业发展、生态休闲和百姓生活主题，自主研发的系列互动系统。系统按照交互形式分类，包括：基于虚拟驾驶的三维互动体验系统、基于虚拟射击的三维互动体验系统、基于可穿戴 3D 眼镜的三维互动体验系统、基于人体姿态（kinect 系列）的三维互动体验系统、基

于手势（Leap Motion、数据手套系列）的三维互动体验系统、基于移动增强现实的三维互动体验系统、基于三维显示（3D、全息系列）的三维互动体验系统等。

适用范围：农业品牌推广、科普教育、休闲旅游、数字文创等。

经济、生态及社会效益情况：系统能够实现与农业实物展示的虚拟结合和线上、线下的互动，强调内容科学权威性、互动性、趣味性和体验的沉浸感，从而能够更好地服务于现代农业科技展示、农业科普教育（特别是面向青少年的科普教育）和农业生态休闲旅游的发展，应用广泛，经济和社会效益显著。

合作方式：技术服务。

联系单位：北京市农林科学院信息技术研究中心
联 系 人：郭新宇　　联系电话：010-51503422
通信地址：北京市海淀区曙光花园中路11号　100097
电子邮箱：guoxy@nercita.org.cn

New
products

新产品

一、检测产品

1 副鸡禽杆菌 A 型血凝抑制试验抗原、阳性血清与阴性血清

产品简介： 该产品提供副鸡禽杆菌 A 型血凝抑制试验抗原、阳性血清与阴性血清，是 A 型副鸡禽杆菌血凝抑制试验抗体的检测试剂及阴阳性对照试剂，除此以外，试剂盒还提供了详细的操作方法、需要的其他试验材料信息及注意事项。该产品为鸡传染性鼻炎疫苗免疫后的 A 型抗体检测提供了试剂，使鸡传染性鼻炎灭活疫苗免疫后的免疫效力能够得到准确评价，因而为鸡传染性鼻炎的防控提供了有力支撑。该产品适用于血凝抑制试验，方法操作简便、可控，需要仪器设备简单，

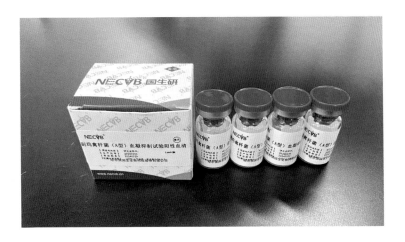

适用于大规模、高通量操作。

适宜范围： 适用于所有免疫鸡传染性鼻炎疫苗的鸡群。

经济、生态及社会效益情况： 该产品是养禽业的重要细菌性传染病——鸡传染性鼻炎的疫苗抗体检测产品，为鸡传染性鼻炎的防控提供了可靠的产品和技术支撑，社会效益显著。产品市场较大，随之带来的经济效益可观。

合作方式： 技术服务、技术转让。

联系单位：北京市农林科学院畜牧兽医研究所
联 系 人：孙惠玲　　联系电话：13671014963
通信地址：北京市海淀区曙光花园中路 9 号　100097
电子邮件：sunhuiling01@163.com

2　副鸡禽杆菌 B 型血凝抑制试验抗原、阳性血清与阴性血清

产品简介： 该产品提供副鸡禽杆菌 B 型血凝抑制试验抗原、阳性血清与阴性血清，是 B 型副鸡禽杆菌抗体的检测试剂及阴阳性对照试剂，除此以外，试剂盒还提供了详细的操作方法、需要的其他试验材料信息及注意事项。该产品为鸡传染性鼻炎疫苗免疫后的 B 型抗体检测提供了试剂，使鸡传染性鼻炎灭活疫苗免疫后的免疫效力能够得到准确评价，因而为鸡传染性鼻炎的防控提供了有力支撑。该产品适用于血凝抑制试验，方法操作简便、可控，需要仪器设备简单，适用于大规模、高通量操作。

适宜范围： 适用于所有免疫鸡传染性鼻炎疫苗的鸡群。

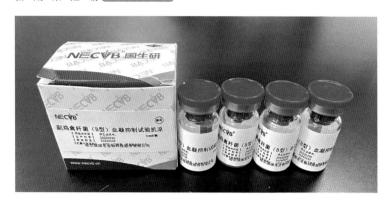

经济、生态及社会效益情况：该产品是养禽业的重要细菌性传染病——鸡传染性鼻炎的疫苗抗体检测产品，为鸡传染性鼻炎的防控提供了可靠的产品和技术支撑，社会效益显著。产品市场较大，随之带来的经济效益可观。

合作方式：技术服务、技术转让。

联系单位：北京市农林科学院畜牧兽医研究所
联 系 人：孙惠玲　　联系电话：13671014963
通信地址：北京市海淀区曙光花园中路 9 号　　100097
电子邮件：sunhuiling01@163.com

 3 **副鸡禽杆菌 C 型血凝抑制试验抗原、阳性血清与阴性血清**

产品简介：该产品提供副鸡禽杆菌 C 型血凝抑制试验抗原、阳性血清与阴性血清，是 C 型副鸡禽杆菌血凝抑制试验抗体的检测试剂及阴阳性对照试剂，除此以外，试剂盒还提供

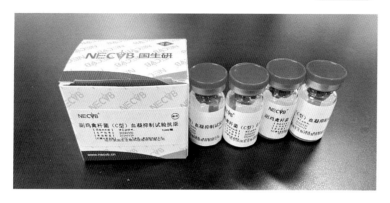

了详细的操作方法、需要的其他试验材料信息及注意事项。该
产品为鸡传染性鼻炎疫苗免疫后的 C 型抗体检测提供了试剂，
使鸡传染性鼻炎灭活疫苗免疫后的免疫效力能够得到准确评
价，因而为鸡传染性鼻炎的防控提供了有力支撑。该产品适用
于血凝抑制试验，方法操作简便、可控，需要仪器设备简单，
适用于大规模、高通量操作。

适宜范围：适用于所有免疫鸡传染性鼻炎疫苗的鸡群。

经济、生态及社会效益情况：该产品是养禽业的重要细菌
性传染病——鸡传染性鼻炎的疫苗抗体检测产品，为鸡传染
性鼻炎的防控提供了可靠的产品和技术支撑，社会效益显著。
产品市场较大，随之带来的经济效益可观。

合作方式：技术服务、技术转让。

联系单位：北京市农林科学院畜牧兽医研究所
联 系 人：孙惠玲　　联系电话：13671014963
通信地址：北京市海淀区曙光花园中路 9 号　　100097
电子邮件：sunhuiling01@163.com

4 瓜果品质无损检测仪

产品简介: 在瓜果产量巨大和需求标准提高的双重影响

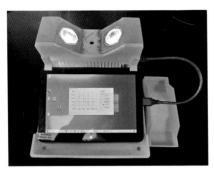

下，北京市农林科学院质量标准与检测技术研究所开发了重量小于 1 kg 的便携式小型检测仪。仪器采用一键式开机，自动校准，不需要手动操作，检测单个样品时间不超过3 s，一键式操作，去除复杂的操作选项；操作简单，可有效防止人为操作失误，且使用时间长。

适宜范围: 主要瓜果品质（糖度、酸度、糖酸比、硬度等）的检测。

经济、生态及社会效益情况: 每日可检测桃、西瓜等瓜果约 5000 kg，按照抽样率 5% 计算，可服务 10 万 kg/d 的收购规模，能够满足 100 万 kg/ 季规模的合作社或企业的需求，1 个瓜果收购季可节省样品损耗 5 万元以上，经济及社会效益显著。

合作方式: 孵化开发。

联系单位: 北京市农林科学院质量标准与检测技术研究所
联 系 人: 贾文珅　　联系电话: 13521217121
通信地址: 北京市海淀区曙光花园中路 9 号　100097
电子邮箱: jiawenshen@163.com

5 核酸适配体亲和柱

技术来源：北京市农林科学院质量标准与检测技术研究所

技术简介：样品前处理是农产品安全和品质分析中最薄弱的环节，直接影响分析的准确度和精密度。基于吸附萃取原理的固相萃取技术具有简单、高效、绿色、环保等特点，其核心在于吸附材料。该技术以选择性高、稳定性好、体外合成、易修饰的"化学抗体"——核酸适配体为识别材料，制备固相萃取柱，用于样品中目标物的富集净化。该技术具有低成本、货架期长、批次差异小、可重复利用等特点，已获得多项国内发明专利授权（专利号：ZL 201711266833.2，ZL 201711269754.7 和 ZL201910282286.X）和 1 项 PCT 国际专利授权（2019101761）。

适用范围：将核酸适配体亲和柱与液相或者液质结合使用，用于定性、定量检测谷物、饲料、果蔬、乳品和农副产品

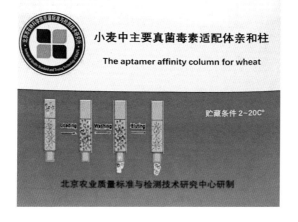

小麦中主要真菌毒素适配体亲和柱
The aptamer affinity column for wheat
贮藏条件 2-20C°
北京农业质量标准与检测技术研究中心研制

等复杂样品中目标物，如黄曲霉毒素、交链孢毒素、除草剂、氨基糖苷类抗生素和乳铁蛋白等。

经济、生态及社会效益情况：核酸适配体的成本是抗体的1/6，适配体亲和柱可以重复使用，使用过程中减少了有机溶剂的用量，是一种绿色高效的新型技术。

合作方式：技术转让、技术许可、技术服务。

联系单位：北京市农林科学院质量标准与检测技术研究所
联 系 人：栾云霞　　联系电话：13810975657
通信地址：北京市海淀区曙光花园中路 9 号　100097
电子邮箱：luanyunxia@163.com

二、信息产品及装备

1 "农爱问"专家零距离咨询服务系统

产品简介：汇聚首都农业专业科技人才及信息资源，利用农业人工智能及即时通信技术系统，研发"农爱问"专家零距离咨询服务系统，面向广大农户提供实时、便捷、一站式找专家服务，树立了首都农业科技北京服务品牌，为农业高质量发展提供了支撑。该服务系统创新点包括以下内容。① 常见问题机器人全天候应答：提供生产常见问题 7×24 h 自动应答。② 个性问题一对一专家在线咨询：提供语音交谈、文字交谈等方式一对一咨询，实时解答个性技术咨询。③ 紧急问题远程视频查看诊断：针对问题紧迫、急需寻找特定领域专家进行指导的用户，提供一键音视频通话功能，更加快捷地获取科学、专业技术指导。④ 难点问题多对一专家协同会诊：针对涉及多个领域的难点问题，可邀请

多领域专家进行在线会诊研讨，从而获取全面的解决方案。

⑤ 现场问题线上预约线下指导：需要专家现场指导的用户，线上预约填写需求，线下现场开展问题诊断，提供技术指导。

⑥ 其他问题管家协同应答：管家客服人员实时在线，随时帮助用户找到对口专家，第一时间应答系统使用等系列问题。

适宜范围：农、林、牧、渔业技术咨询指导。

经济、生态及社会效益情况：系统拥有中央在京高校科研院所、北京市级科研院所及北京市农业技术推广服务机构的专家团队资源，能够帮助农业用户零距离、零门槛、多方式对接专家，目前作为北京市农业技术推广的主要平台在京郊推广应用，促进了农业专家资源与农业产业需求的直接对接，能够获得一定的经济及社会效益。

合作方式：技术服务。

联系单位：北京市农林科学院数据科学与农业经济研究所
联 系 人：罗长寿　　联系电话：13683248103
通信地址：北京市海淀区曙光花园中路 9 号　　100097
电子邮箱：luochangshou@163.com

2　"农科小智"农业科技智能咨询问答系统

产品简介：在"互联网＋"环境下，针对长期以来农业生产技术咨询需求大，而专家资源不足的问题，成功在农业人工智能咨询语义资源、关键技术、服务标准、平台装备等方面实现了创新，对已有的农业科技信息资源与专家知识进行重构复现与利用，构建新型的人工智能咨询服务方法，针对常规咨询

问题提升机器人回答精度，针对难点问题适时无缝接入专家指导，高效解决大量农业用户的生产实际问题，实现农业科技及专家资源与生产需求的智能、全面、有效对接，开创了农业技术咨询服务新渠道，形成了农业信息咨询服务新模式，对于推动农业信息服务向智慧信息服务全面升级，构建新型数字农业农村服务体系，促进农民科技增收致富具有重要作用。"农科小智"为系统产品商标品牌，目前系统技术问答覆盖番茄、辣椒、茄子、苹果、梨、桃、鸡、猪等 18 种常见生产对象，并推出了蔬菜技术、小麦科普、园区服务、科技特派服务、网络咨询服务等"农科小智"系列软硬件产品，可通过智能终端、PC 端、手机端进行访问，提供常见生产对象品种、技术、病害防治等专业技术咨询。产品拥有商标权 1 项，专利 17 项。

适宜范围：农、林、牧、渔业技术自动咨询问答。

经济、生态及社会效益情况：2020 年入选北京市农业主推技术，在京郊 100 多个基地、园区、薄弱村等进行了应用，并通过全天候咨询问答提供服务 1200 多万人次，传播农业技术、品种等成果 200 多项，经济及社会效益显著。

合作方式：技术服务。

联系单位：北京市农林科学院数据科学与农业经济研究所
联 系 人：罗长寿　　联系电话：13683248103
通信地址：北京市海淀区曙光花园中路 9 号　100097
电子邮箱：luochangshou@163.com

3 成像室式植物三维表型高通量采集平台

产品简介：成像室式植物三维表型高通量采集平台是一款
面向植物单株尺度三维表型高通量自动化采集设备，分为便携
式、箱体式和流水线式 3 种设备型号；适用于自动化采集植物
的三维表型数据，设备具有采集高效率、表型精度高、全自动
化运行等优点；操作简单，一键式控制，自动化采集，实时
数据存储、在线数据管理。从三维尺度自动化解析包括三维株
型、叶片器官、颜色纹理、光谱反演共 4 种类型 50 余种表型
指标，综合精度误差小于 8%。该设备平台面向农业高校、科
研院所及农业企业，有效支撑了科研人员开展作物生长监测、

表型鉴定以及数字育种应用研究。平台具有自有知识产权，授权专利 10 项，其中发明专利 3 项，并经过第三方机构检测，获得检测报告。

适宜范围：适用于温室种植、田间种植取样，单株尺度植物从苗期到成熟期不同生育时期表型数据获取，适用的植物包括玉米、小麦、水稻、蔬菜、棉花等。

经济、生态及社会效益情况：该设备测量效率是人工的 10 倍以上，降低数据获取成本 80%，能够支撑研究人员开展大批量样本表型数据获取需求，具有较好的经济效益。设备平台为作物智慧栽培管理以及数字育种研究提供了多尺度的表型数据，具有较好的社会效益。

合作方式：技术服务。

联系单位：北京市农林科学院信息技术研究中心
联 系 人：吴 升　　联系电话：13718040304
通信地址：北京市海淀区曙光花园中路 11 号　　100097
电子邮箱：wus@nercita.org.cn

4 高通量三维激光扫描成像表型测量系统（无人机式作物高通量表型平台）

产品简介：高通量三维激光扫描成像表型测量系统集成应用三维激光扫描、多光谱、热红外、高分辨影像等传感技术，实现了植物群体的形态、生理指标快速高通量获取、管理、解析。该平台数据采集效率 30 万点 /s，测距精度 ±2 mm，适用于挂载在旋翼无人机下，进行大田玉米、小麦、水稻、大豆、

马铃薯、花卉、茶树、果树等植物的群体表型指标高通量获取。可以快速提取群体表型参数和统计变量，快速反演植物株高、生物量，覆盖率、植被指数、冠层温度，实现植物结构参数自动提取以及三维场景重建。该平台可被广泛应用于农林业监测、作物育种、精准栽培管理、植物表型组学研究、环境监测等领域。与国内外同类产品比较，从传感器种类、集成度、时空同步方面都有着明显的优势，且性价比较高。

适宜范围： 适宜利用旋翼无人机进行大田玉米、小麦、水稻、大豆、马铃薯、花卉、茶树、果树等植物的群体表型指标高通量获取。

经济、生态及社会效益情况： 该产品有效解决了田间大面积作物多源时空同步数据获取困难问题，突破了多传感器时空同步获取技术，实现了在统一空间坐标系下的三维激光点云、光谱、热红外和高分辨率影像的高精度同步采集及智能解析。挂载在无人机平台使用，每小时可以获取 300 亩田块的数据。该产品获得了 2021 年度第 48 届日内瓦国际发明博览会银奖。

合作方式： 技术服务。

联系单位：北京市农林科学院信息技术研究中心
联 系 人：樊江川　　联系电话：010-51503422
通信地址：北京市海淀区曙光花园中路 11 号　100097
电子邮箱：fanjc@nercita.org.cn

5 轨道式作物表型高通量获取平台

产品简介:轨道式作物表型高通量获取平台由平面扫描轨道、电动升降、系统控制、成像单元和智能分析等模块组成,实现农林植物顶视表型数据的自动化、高通量数据采集和智能解析。成像单元高效集成了 RGB 图像、红外图像、激光点云、多光谱、高光谱和环境传感器,可在 1 h 内完成 500 m²(2000 盆)区域作物冠层数据采集,可应用于大田、连栋温室和塑料大棚。

适宜范围:适用于大田、塑料大棚和连栋温室作物大群体顶视表型数据的自动化、高通量数据采集和智能解析。

经济、生态及社会效益情况:该产品可以实现农林植物大群体的高时序、高精度、多模态表型组大数据的自动化采集,服务于作物多组学研究、种质资源鉴定、品种技术措施评价等,可以获得较好的经济、生态及社会效益。

合作方式:技术服务。

联系单位:北京市农林科学院信息技术研究中心
联 系 人:郭新宇   联系电话:010-51503422
通信地址:北京市海淀区曙光花园中路 11 号   100097
电子邮箱:guoxy@nercita.org.cn

6 无人车式作物高通量表型平台

产品简介：无人车式作物高通量采集平台由动力控制模块、数据采集模块、系统管理模块和表型分析模块组成，其中动力控制模块利用遥控或自控方式作业，提供四轮驱动；数据采集模块集成可见光、多光谱成像等传感器；系统管理模块提供状态监测、图像预览、动态观测、系统控制、传感器控制等功能；表型分析模块根据作物类型解析作物形态、颜色、生理参数。该平台提供灵活的传感器配置方案，标配高分辨率RGB、多光谱成像模块，可选配热红外、高光谱、激光雷达或深度相机模块。另外，可配置RTK高精度定位模块，实现表型采集路径规划，自动行走开展田间表型研究。系统用于获取作物形态、叶面积指数（LAI）、绿色叶面积指数（GAI）及多种植被指数等多项表型参数，也可评估叶绿素含量、植物病虫害等状况。

适宜范围：适用于大田、设施作物（株高不超过 1.5 m）表型信息的高通量采集。

经济、生态及社会效益情况：该平台可以实现农林植物大群体的高时序、高精度、多模态表型组大数据的自动化采集，服务

于作物多组学研究、种质资源鉴定、品种技术措施评价等，可以获得较好的经济、生态及社会效益。

合作方式：技术服务。

联系单位：北京市农林科学院信息技术研究中心
联 系 人：郭新宇　　联系电话：010-51503422
通信地址：北京市海淀区曙光花园中路 11 号　100097
电子邮箱：guoxy@nercita.org.cn

7 "农产品的旅行"——基于 VR 蛋椅的农产品生产展示与体验系统

产品简介："农产品的旅行"——基于 VR 蛋椅的农产品生产展示与体验系统，利用二维、三维等多种方式，搭建农产品生产典型的虚拟化场景，围绕农产品的生产、加工，研发体验式蛋椅系统，受众通过佩戴可穿戴式眼镜，坐在蛋椅上，通过蛋椅的摇摆、讲解，深入地了解农产品的生产过程，以第一视角体验农产品在肉眼看不到的场景中加工生产的过程。

适宜范围：① 农业龙头企业——利用本系统，展示龙头

企业的核心农产品生产过程，体现生产的专业性、科技性；
② 农业科技展厅——展厅中放置此系统，可以增强展厅的生动性、科技含量，也是对传统展示展板的补充；③ 农业大课堂——本系统可以作为农业课件，补充课堂知识，丰富、拓宽学生的眼界。

经济、生态及社会效益情况：展示整个产品的生产过程，透明供应链，让产品增加议价能力，具有一定的经济效益；在科普馆、展示馆内开展科普传播，有利于受众了解当地的农业生产水平，提升受众的科普素养，具有一定的社会效益。

合作方式：孵化开发、技术服务。

联系单位：北京市农林科学院信息技术研究中心
联 系 人：王 维　　联系电话：010-51503625
通信地址：北京市海淀区曙光花园中路 11 号　100097
电子邮箱：wangw@nercita.org.cn

8 "农业园区虚拟漫游记"——基于电子沙盘互动体验的农业园区漫游系统

产品简介："农业园区虚拟漫游记"——基于电子沙盘互动体验的农业园区漫游系统，利用真三维仿真、大场景绘制以及元宇宙等多种技术手段，搭建农业园区、现代农业产业园、农业科普公园等大型农业基地，围绕农业产业化发展展示、农业休闲观光旅游、农业品牌化发展等，进行三维场景搭建、虚拟游览漫游，受众可以在虚拟园区中感受园区的建设理念，了解园区的功能，体验园区的设施设备，在短时间内看到园区的

过去、现在、未来。

适宜范围： ① 农业政府部门——利用本系统，集中展示农业产业发展、农业规划设计、农业休闲旅游的工作成果；② 农业科技展厅——展厅中设置此系统沙盘，通过沙盘与影片的交互体验，感受整体规划设计的成果；③ 农业展会——在农业展览展会上宣传展示县、市产业园区等。

经济、生态及社会效益情况： 在展示展会中，通过招商引资，可以让投资者更快速地了解当地的产业规划情况、发展模式等，从而获得一定的经济效益；可使领导、专家及普通观众等通过系统可以迅速了解整体产业发展情况，从而获得一定的社会效益。

合作方式： 孵化开发、技术服务。

联系单位：北京市农林科学院信息技术研究中心
联 系 人：王 维   联系电话：010-51503625
通信地址：北京市海淀区曙光花园中路 11 号   100097
电子邮箱：wangw@nercita.org.cn

9 "农业大事记漫游"——基于动感单车的农业产业大事记漫游系统

产品简介："农业大事记漫游"——基于动感单车的农业产业大事记漫游系统，让体验者佩戴 VR 眼镜，采用虚拟骑行的方式，从"建设初期"到"建设未来"进行穿越式浏览，在骑行的过程中，全方位了解园区的大事记。

适宜范围：① 农业政府部门——利用本系统，集中展示现代农业发展成果的取得过程，是总结，是经验，也是可以带动示范周边地区的模板；② 农业科技展厅——展厅中设置此系统，受众骑上自行车，可以在历史的长河中漫游，感受每一个时间节点，每一个重大事件背后的故事。

经济、生态及社会效益情况：领导、专家及普通观众等通过系统可以迅速了解整体产业发展情况，从而增强对当地农业产业发展的信心，具有一定的社会效益。

合作方式：孵化开发、技术服务。

联系单位：北京市农林科学院信息技术研究中心
联系人：王维　　联系电话：010-51503625
通信地址：北京市海淀区曙光花园中路11号　100097
电子邮箱：wangw@nercita.org.cn

10 吸嘴自清洁穴盘育苗播种生产线

产品简介： 该产品利用负压吸种和正压疏通吸嘴的气压转换机械结构和原理，开发出具有自清洁功能的播种头。通过在播种头内部设置可灵活移动的疏通针，在每次播种作业完成后对播种头进行疏通作业。播种头由铝合金材料制成，吸种孔采用激光打孔技术，对种子吸附的稳定性好，耐用性远高于传统的塑料吸嘴。同时，开发出偏心振块与气流驱动相结合的种盘振动器，为种盘提供均匀的激振力，达到使种子轻柔振动沸腾的效果，提高了种子吸附精度。该产品集成了穴盘填土、播种后覆土和浇水等设备构成穴盘育苗播种生产线，通过对播种头自清洁防堵和种盘振动器的创新研究，解决了传统针式播种头易堵塞、种盘激振均匀性差等问题。通过以上研究，成功研制

吸嘴自清洁穴盘育苗播种生产线，能够显著提高机械化穴盘播种单粒率，降低漏播率，提高标准化蔬菜穴盘育苗生产质量。

适宜范围：工厂化育苗企业，播种对象为蔬菜、花卉种子。

经济、生态及社会效益情况：该产品播种效率是人工的20~30 倍，节约了人工成本，提高了播种效率，且在提高播种质量、节约种子等方面效果显著，具有一定的经济及社会效益。

合作方式：技术服务。

联系单位：北京市农林科学院智能装备技术研究中心
联 系 人：姜 凯　　联系电话：18500356086
通信地址：北京市海淀区曙光花园中路 11 号　100097
电子邮箱：jiangk@nercita.org.cn

11　风达人——卷膜控制器

产品简介：卷膜控制器是针对日光温室和塑料大棚等简易设施自然通风中自动控制环节，根据温室内外环境自动调节通风卷膜开度的智能调控设备，默认配备温室环境传感器和卷膜开度传感器，实现对温室内外空气温度、空气湿度和光照强度的监测，并能在下雨时自动关闭卷膜。配套软件由 web 端和移动端软件组成：web 端软件包含数据展示、数据分析、设备调控、历史数据与操作记录和种植管理等功能；移动端软件使用户能通过微信公众号的账户便捷查看与操控设备。

适宜范围：日光温室和塑料大棚的自然通风场景。

经济、生态及社会效益情况：与常规产品相比，该设备实

现了现代设施自然通风环节的精准化、自动化和智能化，提升了管理信息化水平，提高了 5%~9% 的生产效率；科学精准通风管理，使温室内温度和湿度的分布均匀性得到提高，消除了室内的冷点、热点和高湿点，减少了叶片水分凝结且可有效防止产生病虫害，进而减少了农药等农资用量，节约用工约10%，减少化学农药使用次数 2~4 次。

合作方式：技术服务。

联系单位：北京市农林科学院智能装备技术研究中心
联 系 人：王明飞　　联系电话：15910515699
通信地址：北京市海淀区曙光花园中路 11 号　100097
电子邮箱：wangmf@nercita.org.cn

12　温室环境与图像感知系统

产品简介：温室环境与图像感知系统（温室娃娃）是一款针对日光温室、塑料大棚、连栋温室等设施的环境自动监测设备，可实现空气温湿度、光照度、光辐射、CO_2 浓度、作物或温室撂荒等图像信息的自动获取。设备支持太阳能、市电双

供电；支持 RS485、Lora、4G 等多种通信方式；设计存储重发机制，当信号不佳时，数据自动存储并在信号稳定后重新发送；采集周期、发送周期设置范围从 1 min 到 1 d；支持设备远程在线升级，维护方便；设备安装方便，配置吊挂伸缩装置，可快速调节设备悬挂位置，更精准反映作物周围环境信息。

适宜范围： 适用于日光温室、塑料大棚、连栋温室、植物工厂、食用菌工厂等环境、图像自动监测场景。

经济、生态及社会效益情况： 与常规环境采集器相比，该产品将摄像头内置，降低了传统在线图像采集成本，可实时同步获取生境和长势信息，用户可根据温室中环境的变化和作物生长反馈来调控环境，为科学种植、病虫害防治、精准施肥等提供参考依据。2023 年以来，该设备已在全国销售近百台，市场需求旺盛。

合作方式： 技术服务。

联系单位：北京市农林科学院智能装备技术研究中心
联 系 人：王明飞　　联系电话：15910515699
通信地址：北京市海淀区曙光花园中路 11 号　　100097
电子邮箱：wangmf@nercita.org.cn

13 温室环境云感知系统

产品简介: 温室环境云感知系统是一款针对日光温室、塑料大棚、连栋温室及工厂化生产等设施的环境自动监测设备,可实现空气温度、湿度、光照度、土壤和菌棒的温度与含水量等信息的自动获取。设备支持吊挂、立式安装方式;支持太阳能、市电双供电;支持 RS485、Lora、4G 等多种通信方式;设计存储重发机制,当信号不佳时,数据自动存储并在信号稳定后重新发送;采集周期、发送周期设置范围从 1 min 到 1d;支持设备远程在线升级,维护方便。

适宜范围: 适用于日光温室、塑料大棚、连栋温室、植物工厂、食用菌工厂等气候、土壤及菌棒环境自动监测场景。

经济、生态及社会效益情况：该产品可为环境、水肥调控提供数据与技术支撑，2022年被评为"北京市新产品新技术"。2019—2022年，在顺义、大兴、通州、密云、怀柔、延庆等北京10个设施农业生产区和全国其他16个省（自治区、直辖市）的多个园区大面积应用，累计推广应用数据采集设备5031套。与环境、水肥调控等数字化设备配套使用，有效降低了能耗，可节水、省工，缓解了水资源短缺和防控环境面源污染的压力。

合作方式：技术服务。

联系单位：北京市农林科学院智能装备技术研究中心
联 系 人：王明飞　　联系电话：15910515699
通信地址：北京市海淀区曙光花园中路11号　100097
电子邮箱：wangmf@nercita.org.cn

14 易水——无线阀门控制系统

产品简介：易水——无线阀门控制系统是一套简单、实用、易扩展的无线灌溉控制设备，适用于直流电磁阀的开关控制，解决了灌溉自动控制系统中布线复杂、施工困难的问题，满足灌溉控制系统无布线安装的需求。该设备采用抗干扰编码、多通道寻呼等低功耗无线通信技术，可在不进行太阳能充电的情况下长时间续航。

易水——无线阀门控制系统的优点如下。①可根据灌溉面积、应用环境灵活组配。方式一：灌溉管控云平台、易水集中器、易水阀门控制器、直流阀门。方式二：支持标

准 MODBUS RTU 协议的灌溉控制器、易水集中器、易水无线阀门控制器、直流阀门。② 控制面积大。无线通信距离超600 m，一个易水集中器可连接 60 个易水阀门控制器，每个阀门控制器可控制 4 路直流电磁阀，可组成 240 个直流电磁阀的灌溉控制系统。③ 采用超低功耗设计，干电池供电下可开关 2000 次阀门，理论待机时间超 1 年。

适宜范围：适宜农田灌溉、城市绿化、园林工程、家庭花园、温室灌溉等应用场景。

经济、生态及社会效益情况：该设备近 3 年销售 1000 余台，累计销售额近 200 万元。在北京市、河北省、四川省、内蒙古自治区等多地推广应用，取得了良好的应用效果。为大田、设施、果园等多场景提供了免布线自动灌溉技术保障，解决了灌溉系统布线复杂、施工难、成本高的问题，极大地促进了自动灌溉控制系统的推广应用，降低了农业生产的劳动力成本，2022 年被评为"北京市新产品新技术"。基于该产品，科研人员对基层农业生产者及农技推广员进行灌溉技术及产品使用方法等进行相关培训，达到约 5000 人次，为提高我国农业生产和管理人员的整体水平起到了显著的作用，为农民生产提质增效提供了有力保障。

合作方式：技术服务。

联系单位：北京市农林科学院智能装备技术研究中心
联 系 人：张石锐　　联系电话：18501306153
通信地址：北京市海淀区曙光花园中路 11 号　100097
电子邮箱：zhangsr@nercita.org.cn

15　剖面土壤含水量传感器

　　产品简介：剖面土壤含水量传感器是一体式自动土壤水分原位监测设备，对同一地点不同深度剖面的土壤容积含水量、温度进行测量，可为科学节水灌溉提供有力数据支撑。该设备将传感探头、电池、主采集板、通信模块、太阳能板、充电模块等配套外围模块全部集成到一个管件结构中，设备内部传感器为全密封多深度传感单元，安装储运方便，便于野外安装、迁移。该设备通过 4G 无线网络将采集到的数据定时上传到服

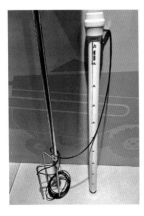

务器，用户可通过网页端和手机 App 查询数据，亦可在设备安装现场通过激活设备自带的蓝牙通信功能与手机建立连接，查看数据。

　　剖面土壤含水量传感器的优点：① 独立成站，结构一体化，设备外部有外套管保护，密封性好，不易腐蚀，可靠性高，使用寿命长；② 直接埋入土壤中即可使用，安装、操

作及维护简单，安装过程不破坏土层结构，对土质影响较小；③探测响应速度快，数据精度高且传输效率高，可实时进行土壤墒情数据自动采集、存储，并能够定时将采集的信息自动上传到云端数据平台。

适宜范围: 适用于大田、温室、果园、园林绿地等不同土壤种植环境。

经济、生态及社会效益情况: 近3年，该设备已在全国31个省份销售200余台，累计销售额近500万元。该设备为作物抗旱和节水灌溉提供了有力数据支持，为提高灌溉水利用效率、降低农业生产成本提供了技术支撑，入选水利部先进适用技术、北京市新技术新产品等。

合作方式: 技术服务。

联系单位：北京市农林科学院智能装备技术研究中心
联 系 人：郝 迪　　联系电话：17824232335
通信地址：北京市海淀区曙光花园中路11号　100097
电子邮箱：haodi0405@foxmail.com

16 设施作物水肥一体化云管控系统

产品简介： 水肥一体化作为世界公认的一种高效、节水、节肥技术，在我国推广面积逐年增大，当前水肥一体的灌溉策略正在向集成化、智能化的方向发展，基于云服务的高度自适应管控系统是未来必然的发展方向。该系统针对现有园区种植管理问题，建立了1套全程可托管的园区水肥一体化云服务系统与方法，可实现园区水肥管理的智能化、科学化和无人化，实现生产经营过程智能、高效、节水、节肥、节约人力的目标。

适宜范围： 农业园区、农业合作社。

经济、生态及社会效益情况： 可节约水肥5%左右，节省劳动力10%，提高管控效率10%。

合作方式： 技术服务。

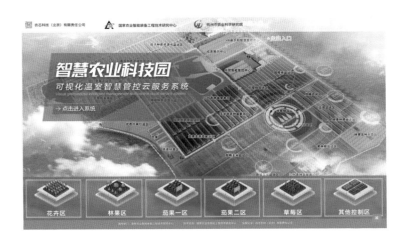

联系单位：北京市农林科学院智能装备技术研究中心
联 系 人：赵 倩 联系电话：15901291520
通信地址：北京市海淀区曙光花园中路 11 号 100097
电子邮箱：zhaoq@nercita.org.cn

17 对靶喷药实训控制系统

产品简介：对靶喷药实训控制系统是一种多功能作业实训系统，主要应用于技术研究、教学演示、多功能测试等。该系统主要由摄像头、红外传感器、控制终端、超声波传感器、控制柜、集液槽、旋转喷头组等组成，可实现视觉对靶、红外对靶、超声对靶 3 种方式喷药演示实训功能，可完成对靶喷药技术、基于脉宽调制（PWM）变量喷药技术相关的研究与试验。

适宜范围：教学及科研。

经济、生态及社会效益情况：精准施药技术可有效提高农药利用率，减少浪费，降低农残，提高经济效益，同时有利于

生态的可持续发展。

合作方式：技术许可、技术服务。

联系单位：北京市农林科学院智能装备技术研究中心
联 系 人：翟长远　　联系电话：010-51503886
通信地址：北京市海淀区曙光花园中路 11 号　100097
电子邮箱：zhaicy@nercita.org.cn

18 喷药检测试验台

产品简介：喷药检测试验台是一种多功能作业实训系统，主要应用于技术研究、教学演示、多功能测试等。该系统主要由喷杆喷头组、集液槽、药箱、隔膜泵、电机、组合控制阀、控制柜等组成，可实现精准施药全程作业参数和状态参数的监控与记录，且具有喷头堵塞监测报警功能。

适宜范围：教学及科研。

经济、生态及社会效益情况：精准施药技术可有效提高农

药利用率，减少浪费，降低农残，提高经济效益，同时有利于生态的可持续发展。

合作方式： 技术许可、技术服务。

联系单位：北京市农林科学院智能装备技术研究中心
联 系 人：翟长远 联系电话：010-51503886
通信地址：北京市海淀区曙光花园中路 11 号 100097
电子邮箱：zhaicy@nercita.org.cn

19 果园巡检机器人

产品简介： 果园巡检机器人作为一种多功能作业平台，集成多项先进技术，可搭载不同传感器、作业装置，主要应用于技术研究、教学演示、多功能测试。行走底盘配备有不同大小的障碍物模型、定位模型，便于现场示范，并通过实际操作快速掌握巡航、路径规划、避障、无线传输等相关的先进理论

知识，在相关技术装备的开发、改进、控制方面起到了重要作用。

适宜范围：教学及科研。

经济、生态及社会效益情况：该设备通过采集气候气象、生长情况等进行病虫害和气象灾害预警，再配合管理平台，实现果园智能化管理，可提高果品质量和产量，经济效益突出。

合作方式：技术许可、技术服务。

联系单位：北京市农林科学院智能装备技术研究中心
联 系 人：翟长远 联系电话：010-51503886
通信地址：北京市海淀区曙光花园中路 11 号 100097
电子邮箱：zhaicy@nercita.org.cn

20 多场景果园喷药机器人

产品简介：多场景果园喷药机器人提供了一种用于果园自主巡航行走、对靶施药技术研究、演示和教学的先进实用平

台，适用于演示操作、示范教学和科研领域，可以达到理论结合实践的目的，使学习人员快速掌握结构组成、工作原理，并通过实际操作掌握果园巡航、路径规划、对靶施药控制、物联网相关的先进理论知识，在相关技术装备的开发、改进、控制方面起到了重要作用。

适宜范围： 教学及科研。

经济、生态及社会效益情况： 该设备可有效提高农药利用率，减少浪费，降低农残，提高经济效益，同时有利于生态的可持续发展。

合作方式： 技术许可、技术服务。

联系单位：北京市农林科学院智能装备技术研究中心
联 系 人：翟长远　　联系电话：010-51503886
通信地址：北京市海淀区曙光花园中路 11 号　100097
电子邮箱：zhaicy@nercita.org.cn

21 靶标识别与对靶施药控制试验台

产品简介：靶标识别与对靶施药控制试验台（VI-S1）是一款用于喷药机精准对靶喷药相关技术研究、教学演示的实训平台，主要用于对靶喷药技术的实训教学，具有基于深度学习的靶标识别、基于靶标信息的对靶控制、控制及显示等功能，可满足高等农业院校实训教学需求。

适宜范围：教学及科研。

经济、生态及社会效益情况：该设备可有效提高农药利用率，减少浪费，降低农残，提高经济效益，同时有利于生态的可持续发展。

合作方式：技术许可、技术服务。

联系单位：北京市农林科学院智能装备技术研究中心
联 系 人：翟长远　　联系电话：010-51503886
通信地址：北京市海淀区曙光花园中路 11 号　100097
电子邮箱：zhaicy@nercita.org.cn

22 智能化果蔬制冷及压差预冷一体化装置

产品简介：智能化果蔬制冷及压差预冷一体化装置结构组成：壳体，为内置空腔的方形体结构；轴流风机，设置在壳体的长边侧壁上；半导体制冷机，设置在壳体的内置空腔内，且与壳体的底部固定；出风口，设置在壳体的顶部；控制系统，设置在壳体的短边侧壁上，且控制系统分别与轴流风机和半导体制冷机电连接，用于控制轴流风机的正反转以及半导体制冷机的启停。该装置实现了制冷和压差预冷的一体化，同时也实现了压差预冷的智能化。

适宜范围：适用于果蔬农产品的制冷和预冷，可以满足不同类型的果蔬农产品的冷却和冷藏需要；还可以应用于果蔬加工行业和农产品存储运输行业，延长果蔬产品的保存时间，减少运输过程中的营养流失和损伤，保证产品的质量，从而提高生产效率和减少损失。

经济、生态和社会效益情况：从经济效益上看，该装置采用智能化控制系统，可以实现自动控制，减少人工，降低生产成本；同时，提高了果蔬产品的保存时间和质量，减少了损失，从而提高农民的收益。从生态效益上看，该装置采用压差预冷技术和节能技术，在制冷过程中不使用对环境有害的化学物质，还能够减少能源的消耗，改善节能减排的环境效益。从社会效益上看，该装置可以提高果蔬产品的品质和营养价值，提高人们对食品质量和安全的信心和认可度，提高果蔬行业的竞争力和附加值，从而推动农村经济的发展，促进农村社会进步和稳定。

合作方式：孵化开发、技术转让、技术许可、技术服务。

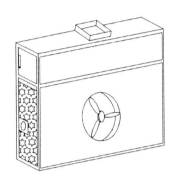

联系单位：北京市农林科学院农产品加工与食品营养研究所

联 系 人：左进华　　联系电话：13521478883

通信地址：北京市海淀区曙光花园中路 11 号　100097

电子邮箱：zuojinhua@126.com

三、绿色生产产品

1 果树食心虫免水高效食诱剂

产品简介： 梨小食心虫和桃小食心虫等以幼虫危害梨、苹果、桃、海棠、沙果和山楂等多种果树果实以及桃、樱桃等果树新梢，危害方式隐蔽，防控十分困难。果树食心虫免水高效食诱剂通过植物挥发性物质模拟果实、茎叶等引诱气味，并以缓释载体悬挂至田间持续发挥作用，搭配特定的诱捕装置，诱捕食心虫雌虫，继而诱捕雄虫，减少雌虫有效产卵量，降低虫口密度，减少危害，达到防治的目的。该产品对雌、雄食心虫均有诱杀作用，持效期可长达 140 d，且专一性强，极少诱杀

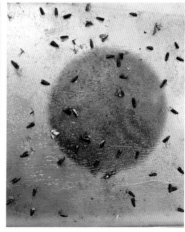

非靶标害虫。

适宜范围：可用于果园虫情动态监测和有机果园食心虫的防控，还可与迷向剂联合使用，提高防控效果。

经济、生态及社会效益情况：田间试验表明，使用该产品的桃园果树嫩梢受害数量是常规化防区的 9.7%，虫果率为 2.31%，比常规化防区降低了 9.6%。连续多年试验表明，雌雄双诱技术可以很好地减轻梨小食心虫的危害，提升产量和果品品质，产生了突出的经济效益。产品成分来源于天然物质，成本低，且安全、无污染，具有良好的生态效益。

合作方式：技术转让。

联系单位：北京市农林科学院植物保护研究所
联 系 人：魏书军　　联系电话：15910599218
通信地址：北京市海淀区曙光花园中路 9 号　100097
电子邮箱：shujun268@163.com

2　改性生物基可降解包膜控释肥料

产品简介：以农业绿色发展为宗旨，以提高肥料利用率、减肥增效为目标，且针对生物基膜材料易吸水、孔隙大、控释性能差等瓶颈问题，以及膜材降解及养分精准控释等难点，采用纳米复合、交联等物理化学改性技术，以生物基聚氨酯合成为基础，内置养分延长通道及聚合物链交联网络结构，利用无溶剂原位反应成膜技术的优势，研制出高生物基含量蓖麻油基、棕榈油基、淀粉基等包膜控释肥。该产品生产工艺简单、设备造价低，可实现连续化生产，达到了低成本和绿色环保化，可被广泛应用于我国农业生产。其核心技术如共液化、交联接枝等，包膜配方如纳米限域条件下原位反应成膜型、生物基膜材链段互穿型等已获得 10 余项国家授权发明专利，技术水平处于国内领先地位。研发的控释肥包膜生物基含量可高达 70%，包膜生物分解率可高达 30% 以上，膜材用量低至肥芯用量的 2%。

适宜范围：玉米、小麦、水稻等大田作物。

经济、生态及社会效益情况：在减氮 15%~20% 的条件下应用该产品，可在保证作物产量的前提下，平均每亩经济净效益增加 30 元以上，肥料利用率提高 9% 以上；培训农技人员上千人次，培训农民上万人次；经济、社会和生态效益明显。

合作方式：技术转让、技术服务。

联系单位：北京市农林科学院植物营养与资源环境研究所
联 系 人：邹国元、李丽霞　　联系电话：010-51503325，010-51505426
通信地址：北京市海淀区曙光花园中路 9 号　100097
电子邮箱：ashleyllx@163.com

3 芽苗菜种植套装

产品简介：芽苗菜种植套装为良种良法配套，套装包含功能性芽苗菜种子、苗盘、播种纸、喷壶和种植方法等种植芽苗菜所需的全部资材和技术说明，实现了芽苗菜种植的标准化和可复制性。该产品已获得实用新型专利1项（一种芽苗菜种植苗盘：ZL202220116289.3）；申请发明专利1项（一种西兰花芽苗的轻简高效栽培方法：202210047531）。

适宜范围：园区或农户规模化种植，促进农民增收致富；阳台园艺，家庭种植，为家庭提供安全营养的新鲜蔬菜；中小学劳动课程，培养孩子的动手能力和从事农业生产的兴趣；蔬菜应急保障供应，可在短时间内（7~15 d）提供新鲜的蔬菜产品。

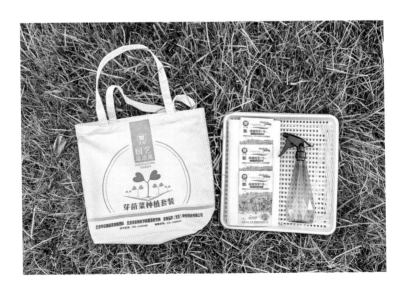

经济、生态及社会效益情况：芽苗菜种植生长期短、轻简高效，可节省劳动力，提高单位面积的产出，具有较好的经济效益；整个生产过程，不占用耕地，不需要使用化肥和农药，对环境无污染，生态效益优良；种植方法简单，劳动强度低，适用于多种人群，可解决就业问题，具有一定的社会效益。

合作方式：技术转让、技术服务。

联系单位：北京市农林科学院蔬菜研究所
联 系 人：刘　伟，谢　龙　　联系电话：010-51503559，010-51503188
通信地址：北京市海淀区彰化路 50 号　100097
电子邮箱：liuwei@nercv.org

四、功能性产品

活血消炎复方精油

产品简介：该产品菊花精油与其他植物精油按一定比例混合，是一款舒筋活血、消炎消肿的复方精油。

适宜范围：外用可用于治疗肩周炎、磕碰外伤、皮肤红肿等症。

经济、生态及社会效益情况：能够治疗肩周炎、磕碰外伤、皮肤红肿等，促进人们的身体健康，具有良好的经济及社会效益。

合作方式：孵化开发、技术转让、技术服务、作价投资。

联系单位：北京市农林科学院草业花卉与景观生态研究所
联 系 人：黄丛林　　联系电话：13910285037
通信地址：北京市海淀区曙光花园中路 9 号　　100097
电子邮箱：conglinh@126.com